# 具身智能

刘云浩◎著

中信出版集团 | 北京

**图书在版编目（CIP）数据**

具身智能 / 刘云浩著 . -- 北京：中信出版社，2025. 1 (2025.3重印)

ISBN 978-7-5217-7209-8

Ⅰ. TP18

中国国家版本馆 CIP 数据核字第 202429TW83 号

具身智能

著者：　　刘云浩

出版发行：中信出版集团股份有限公司

（北京市朝阳区东三环北路 27 号嘉铭中心　邮编　100020）

承印者：　三河市中晟雅豪印务有限公司

开本：880mm×1230mm 1/32　　印张：9.5　　字数：168 千字

版次：2025 年 1 月第 1 版　　印次：2025 年 3 月第 3 次印刷

书号：ISBN 978-7-5217-7209-8

定价：69.00 元



服务热线：400-600-8099

投稿邮箱：author@citicpub.com

# 目录

## （序言）种到地里的娃娃



## （上篇）机器可以思考吗？

（下篇）

# 模仿游戏

# 序言
# 种到地里的娃娃

多年以后，面对行刑队，奥雷里亚诺·布恩迪亚上校会回想起父亲带他去见识冰块的那个遥远的下午。

——加西亚·马尔克斯，《百年孤独》

冰正在沸腾。

这是奥雷里亚诺上校在那个遥远的下午第一次接触到冰块的感受。

很多年以后，当人类进入信息时代，人工智能也宛如冰块一般，炽热与寒意同在。人们既狂热地期待着智能带来的诸多惊喜，又恐惧着可能无法掌控的命运。

从1956年达特茅斯会议开始正式使用人工智能（artificial intelligence，AI）这个词以来，近70年间，人工智能历经了至少3次起落，从摇旗呐喊到陷入彷徨。物理学家马克斯·普朗克曾说，科学在一次又一次的葬礼中进步，但人工智能的高潮与低谷似乎等不到人类的凋零便进入了一个新的周期。

2010年前后，由于ImageNet等一系列学术亮点的出现，人工智能在学术界逐渐进入炽热期。2016年谷歌人工智能程序AlphaGo战胜围棋世界冠军李世石，2022年OpenAI（美国开放人工智能研究中心）发布一款名为ChatGPT的聊天机器人，终于把这份火热传递给了大众。当生命用40多亿年的进化所形成的最高智慧大脑皮质被人工神经网络快速逼近，当几十亿人用50多年缔造的互联网数据被大语言模型用不到100天的时间吞噬（GPT-4的训练时间估算为90~100天），当我们生活中的电子产品都被冠以AI之名，如AI个人计算机、AI手机、AI汽车……我们正在进入一个新的时代，一个被人工智能“生命”（“硅基生命”）包围的时代。

炽热往往又伴随着寒意。2023年，如日中天的OpenAI爆发了震惊世界的“宫斗”大戏，首席执行官萨姆·奥尔特曼被解雇了。人们猜测其中原因可能有人类尚未准备好迎接通用人工智能的到来。

通用人工智能是什么样子？一个可以对话的机器目前来看远远不是人工智能的终点。所谓的强人工智能，要多强才算强？随着不同科技大佬的发声，具身智能的概念浮出了水面。这种智能体不仅拥有物理形态，还能与物理世界互动。有人干脆说，具身智能就是人形机器人！具身智能究竟是什么？它是一种方法论还是一个发展阶段？具身智能会带来什么不同吗？

带着这些疑问，我们可能要回到梦的起点，“人工智能之父”艾伦·图灵的那个遥远的下午。

## 从艾伦·图灵的童年说起

1912 年 6 月 23 日，艾伦·图灵在英国伦敦帕丁顿的一间普通的产房中诞生。他的父母慈爱地看着他，根本不会知道这个孩子以后竟会改变人类历史。

图灵的数学天赋到底是从哪儿来的？可能有一部分来自他的爷爷。尽管后世记载图灵的爷爷仅是当地的一名牧师，但实际上他曾以优异的成绩考取了剑桥大学三一学院，算起来也是牛顿的直系师弟。

得提一下，在那个年代当牧师就等于“上岸”，可以保全家衣食无忧，可能也不比考剑桥大学容易。就拿凡·高来说，他本来就想当牧师，结果没考上神学院，只好去画画了。

当上牧师之后，图灵的爷爷凭工资共养大了 8 个孩子（可见牧师的工资有多高），图灵的父亲朱利叶斯·图灵是家里的老二。

艾伦·图灵的父亲朱利叶斯倒是没有表现出特别的数学天赋，他更喜欢研究历史和宗教。不过，遗传了学霸基因，他最终考上了牛津大学，用奖学金轻轻松松拿下了牛津大学基督堂学院的学士学位，又通过激烈的竞争成为一名公务员，被派往印度。随后，他在归途中遇到了图灵的妈妈艾赛尔·斯托尼——一名出身于印度殖民家庭的小姐。两人在船上一见钟情，很快就结婚了，1908 年生下了大儿子约翰，4 年后图灵出生。

如果说图灵一出生就在数学领域天赋异禀，那确实有点夸张。但俗话说“三岁看老”，“数学王子”高斯三岁的时候就指出了父亲账本中的错误，而图灵在三岁时做了什么呢？他把玩具木头人一块块掰下来，分别种到土里。

“艾伦，你在做什么？”妈妈问道。“我希望地里能长出新的木偶娃娃来。”图灵回答。

地里并没有长出新的木偶娃娃，但这在图灵的心中种下了一颗思想的种子：事物是否能够在完全不同的形态下重新生成？这种思考后来也成为他研究计算机以及如何让

种到地里的娃娃

计算机“思考”时不可或缺的一部分。由于在计算机理论以及人工智能理论方面做出无可比拟的贡献，图灵被后世称为“计算机科学之父”和“人工智能之父”。

回顾计算机领域短暂的发展历史可以发现，计算机其实一直在计算和智能两条路径上交替演进。从 1946 年计算机诞生并替代了手动的计算开始，计算机首先经历了从大型机到个人电脑的普及，这一普及使得计算成为一项人人可以轻易获得的服务。人工智能领域的成果在这段时期也相继出现，经典的符号人工智能领域取得了傲人的进展，这也被哲学家约翰·豪格兰在他 1985 年出版的

《人工智能：非常的想法》（*Artificial Intelligence: The Very Idea*）一书中总结为“有效的老式人工智能”（GOFAI）。20 世纪 90 年代，计算机进入了互联网革命的时代，新的网络服务模式快速发展，虚拟世界与现实世界共存。随着人工智能依托互联网进入互联网人工智能阶段，人们从互联网上搜集大量图片等数据，用于深度神经网络模型的训练，在图像分类任务上取得了巨大的成功，人工智能进入了深度学习时代。人们搜集网上优质的文本数据信息，训练了诸如 ChatGPT 的大语言模型，使得 scaling law（规模定律）开始引起关注，成为人工智能新的发展方向。进入 21 世纪，随着物联网逐渐打破物理世界和现实世界的壁垒，数字网络和物理世界逐渐融合。人们开始召唤能够深入物理世界环境，能够与物理世界互动的人工智能——具身智能。

事实上，早在 1950 年，图灵在他的经典论文《计算机与智能》中就展望了人工智能可能的两条发展道路：一条路径是专注于抽象计算所需的智能；另一条路径则是为机器配备最佳的传感器，教机器说话，使其可以与人类交流并像婴儿一样“成长”。

今天，当我们开始谈论具身智能时，不妨再回想一下那个三岁的小男孩在花园里对着泥土时所怀抱的希望。

## 数学是否“完备”？

图灵三岁的时候是 1915 年。那一年是“神仙打架”之年，数学家大卫·希尔伯特在年底发表了演讲，题为“物理学的基础”，不为别的，正是为了“欺负”数学不好的爱因斯坦。当时，两人都在为广义相对论的引力场方程做最后的冲刺，但希尔伯特万万没想到，他为之自豪的数学，会因为两个年轻人而遭遇根本性的挑战。

在那个时期，世界正经历着巨变。

20 世纪之前的很长一段时间，人类对世界的认知已经从“实践指导实践”进入“理论指导实践”。科学界认为，我们了解了某一时刻的宇宙，就能预测将来会发生什么，这就是统治了科学界数百年的因果律（causality）。所以当苹果砸到牛顿脑袋上的时候（这个事情本身存在不确定性），他想的并不是“上帝安排苹果砸下来的”，而是“苹果掉下来背后的原因”，这才有了万有引力以及后来的牛顿力学三大定律，近代科学的篇章被打开。在那之后的很长一段时间里，科学征服了世界，它的力量控制着一切人们所知的现象。古老的牛顿力学大厦历经岁月磨砺、风雨吹打，始终屹立不倒，从天上的行星到地上的石块，万物似乎都要一丝不苟地遵循着它制定的规则。

可是牛顿建立的“物理大厦”被“两朵乌云”笼罩，最终导致了量子论革命的爆发；“上帝的存在”也逐渐被达尔文的进化论和孟德尔的遗传学联手“搞没了”。人们开始再一次反思这个世界：究竟什么才是可靠的？上帝不万能，科学靠得住吗？达尔文说，科学是我们通过整理事实所总结出来的规律。它就可靠吗？

我们一靠近火，还没有碰到就被烤热了。每次靠近都热，所以靠近火就会被烤热，这是科学和客观的。换个人换个地方，还是会被烤热。为什么呢？几百年前大家没有科学理解，但不妨碍有这个科学发现。好吧，后来大家研究发现：哦，这是辐射，靠近火会造成分子运动速度加快，所以温度提高了。然后，我们发现在其他场景里辐射也会让物体分子运动速度加快，从而提高温度。

这就算靠谱了吗？根据大卫·休谟的说法，虽然每次我们观察到的都是这个结果，但是如果尚未发生的下一次，分子运动速度快了而温度没有提升，也没有问题啊。这就让人难以确定了。我们暂时不知道上帝什么时候靠得住，科学似乎也没有完全靠得住。靠谁呢？

希尔伯特给出的答案是：数学。

希尔伯特是20世纪最厉害的数学家之一，据说以他名字命名的数学名词多到连他自己都未必完全知道。1900

年在巴黎举行的第二届国际数学家大会上，希尔伯特提出了23个数学难题，并把算术公理的相容性作为第二个问题提出。他在此基础上提出了希尔伯特计划，初衷很简单：他希望数学是完整的，也是可判定的，数学将建立在严谨的逻辑之上，成为比上帝和物理更靠谱的真理。

1928年，关于数学基础，他列出了三个亟待解决的问题。

第一个问题：数学是完备的吗？即能否基于有限的公理，对所有数学命题都进行证明或证否？

第二个问题：数学是一致的吗？即是否每个被证明的命题一定为真？会不会证明出来命题是错误的？

第三个问题：所有问题都是数学可判定的吗？即是否有明确的程序能在有限的时间内告诉我们每个命题的真假？

希尔伯特自然希望这三个问题的答案都是“是”。他在1930年的退休演讲中表示：我们必须知道，我们必将知道。

本以为这句话可以刻在墓志铭上，但没过多久他就知道了。退休后平静的日子仅过了一年，1931年，年仅25岁的天才哥德尔横空出世，通过一篇论文一下子解决了希尔伯特的前两个问题。

答案都是“否”。

也就是说，数学既不完备，也不一致。哥德尔先把所有的数学陈述和证明符号化，然后给每个符号串赋予一个数字，这个过程被称为“哥德尔配数法”，接着用纯数学工具依次证明了数学的这种不可能性。

但他这个方法还留了一个小口子，也就是第三个问题没有解决，所以，说不定还存在某种方法能够判定一个命题到底能不能被证明。

图灵表示，这太天真了。

## 让机器“思考”

1931 年，19 岁的图灵开始在剑桥大学国王学院攻读数学。伊利镇上的居民发现不知道从什么时候开始，有一个清瘦高挑的年轻男孩总是穿着松松垮垮的运动衫，沿着河边跑步。他的跑步姿势很奇怪，腿向外拐，手臂抬得很高，还会发出一种吓人的喘息声。但他又跑得那么快，谁都追不上他。那时候，没人想得到，这个羞涩腼腆的男孩日后会在不断的奔跑中产生一个又一个震惊世界的想法——他先是思考了希尔伯特留下的难题之一，随后在 1936 年撰写论文《论可计算数及其在判定问题上的应用》，并在解决问题的过程中创造性地提出了图灵机的设想，奠定了其“计算科学之父”的地位。

具体而言，图灵觉得希尔伯特的判定问题不是“生存还是毁灭”这种直观判定的问题，而是属于一种更抽象的领域，不带任何质量或情感。他提出：既然数学问题由一系列抽象的符号构成，那么为何不用一种同样抽象、无感情的方式来解决呢？即使用机器。

这种机械的解决思路并非首创，在当时的数学圈中也不受欢迎。当时，理科生和工科生之间界限分明，前者追求理论的纯粹性，而后者注重实用性。正如《生活大爆炸》中理论物理学家谢耳朵对工程师霍华德的轻视，认为工程是“低智商”的活儿。

哈代在《一个数学家的辩白》一书中说：“平凡的数学是有用的，而真正的数学是无用的。”

图灵拒绝接受这种界限。

在研究希尔伯特问题时，图灵挑战了传统的数学观念，提出了一种创新的机械解决方案：可以做一个机器，这个机器由一个读写头和一条无限长的纸带组成，纸带分成带有 0 和 1 的小格。每个时刻，读写头都从纸带上读入当前所在方格的信息，然后结合自己的内部状态，根据程序计算输出信息，并将其写到纸带方格上，同时转换自己的内部状态。

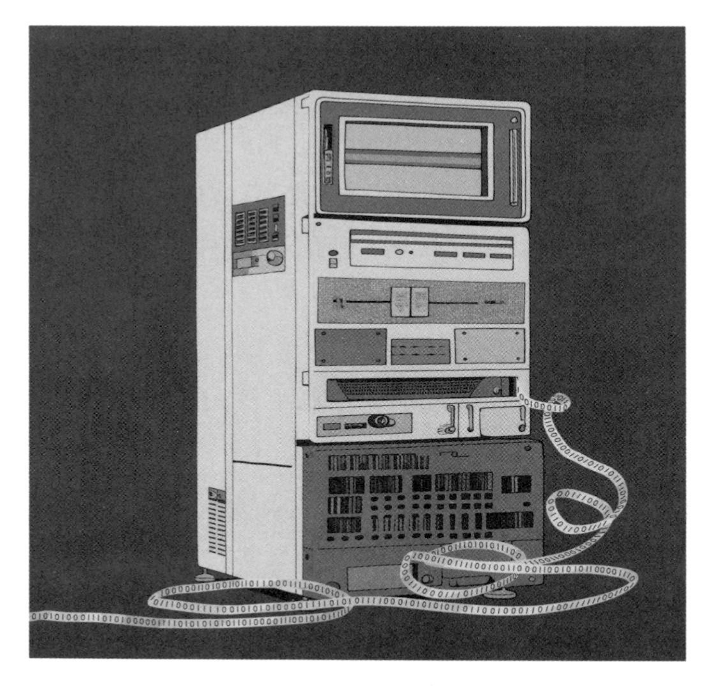

**图灵机假想图**

例如，在进行两位数乘法（如 36 × 42）运算时，我们通常会在纸上列竖式，先乘后加。图灵机的原理也类似：每次只关注一个任务点，根据读取的信息移动读写头，在纸带上记录符号。这些操作指南就像乘法表一样简单，让任何人都能通过操作纸带得出结果。

图灵的导师阿隆佐·丘奇将这种设备命名为“图灵机”。尽管看似简单，但图灵机能完成的计算任务却非常复杂。理论上，只要纸带足够长、人们的耐心足够多，它就能完成现代电脑能做的任何计算（尽管可能非常耗时）。电脑通过二进制电信号简化了这一过程，和图灵机的逻辑完全相同。

虽然图灵机操作复杂，但是这样的机器理论上就已经可以解决抽象计算问题了。于是，图灵开始构想如何利用这台机器来回答希尔伯特的第三个问题，即判定问题。

他想象一种场景：设立一个图灵机，它遍历所有大于等于 2 的偶数，尝试将每个偶数分解为两个素数之和。如果存在一个偶数无法分解，机器则停机并输出该偶数；如果所有偶数都能成功分解，机器则永远运行下去。利用这种实验设置还能够尝试检验哥德巴赫猜想——一个至今未解的数学难题。

即使创建了这样一个机器，它也没有办法真正解决哥德巴赫猜想，因为只有在这个机器停下来的时候，我们才能够确定哥德巴赫猜想为假。而图灵在 1936 年证明了不存在解决停机问题的通用算法，即没有可靠的、可重复的方法来区分机器是停机了还是继续在循环运行。停机问题（halting problem）就是判断任意一个程序是否能在有限的时间内结束运行的问题，这是一个著名的悖论，引入了逻辑学中的自我指涉问题，类似于罗素在1901年提出的“理发师悖论”：一个理发师声明他只为那些不给自己理发的人理发，那么他应该给自己理发吗？他如果给自己理发，就违背了自己的声明；如果他不给自己理发，按照声明他应该给自己理发。同理，如果图灵机能够判断所有图灵机的运行结果，那么它如何判断自己是否能在有限时间内停止？

图灵的这些思想实验不仅在技术上推动了计算机科学的发展，也深刻影响了哲学、逻辑学和认知科学领域。思想实验是指使用想象力去进行的实验，所做的都是在现实中无法做到的实验。爱因斯坦的自传中提过一个思想实验，他当时幻想在宇宙中追寻一道光线，如果自己能够以光速在光线旁边运动，那么他应该能够看到光线成为“在空间上不断振荡但停滞不前的电磁场”。受此启发，爱因斯坦提出了著名的狭义相对论。“薛定谔的猫”是另外一个著名的思想实验。奥地利著名物理学家薛定谔假设将一只猫关在装有少量放射性的镭和毒气的密闭容器里，而镭的衰变存在概率。如果镭发生衰变，触发机关打碎毒气瓶，猫就会死；如果镭不发生衰变，猫就会存活。根据量子力学理论，由于放射性的镭处于衰变和没有衰变两种状态的叠加，猫就理应处于死猫和活猫的叠加状态。该思想实验把微观领域的量子行为扩展到宏观世界中。

回归正题，图灵通过这些思想实验展示了计算理论的力量和局限，指出即使是精巧的机械也不能完全解决所有逻辑和数学问题，从而进一步验证了哥德尔不完全性定理。哥德尔不完全性定理和图灵机的提出，让20世纪初的人们意识到，试图一劳永逸地避免所有悖论的尝试本质上是徒劳的。

这在当时的欧洲无疑标志着一次里程碑式的进步。科学历史上的重大理论——从哥白尼的日心说、达尔文的进化论到弗洛伊德的潜意识理论——逐一打击了人类的自负。现在，连曾被视为绝对完美的数学领域也显示出不完备性，让我们不得不问：在所有这些打破传统的发现之后，我们还剩下什么可以坚守的？达尔文揭示了自然选择是由个别基因的偶然变异驱动的，量子理论揭示了即使是上帝也在掷骰子，布朗运动展示了微观世界中的化学分子路径是随机的：这一切似乎都表明科学本身充满了不确定性和随机性。

这是不是揭示了一个更深层次的真相：宇宙和我们所知的世界，正是通过不断的相互作用、学习和适应，以其独有的方式演进和变化的。

## 人工智能的诞生

“猫坐在毯子上，因为它很温暖。”——请问什么很温暖？

“猫坐在毯子上，因为它很冷。”——请问什么很冷？

对我们来说，回答这两个问题应该不难，但你有没有想过，机器会怎样回答这些问题呢？

前文提到，图灵有一篇经典论文《计算机与智能》，它之所以经典，是因为提出了一个关键问题：机器能思考吗？

图灵的回答是做场模仿游戏就知道了，这场游戏后来成为著名的图灵测试。

游戏规则很简单：参与者有三方，一个人类被试，一个机器被试和一个询问者，询问者也由人类担任。询问者通过问答来判断被试中谁是机器，谁是人类。如果机器能够成功欺骗询问者，使其无法准确区分出机器与人类，那么图灵认为这台机器就通过了测试，可以被认为具备人类智能。

图灵测试成为评估机器智能的重要基准，但你可能已经发现一个问题：能不能通过图灵测试，主要取决于询问者的判断标准。比如，机器可以搞定复杂的计算任务，但对最简单的情绪问题却可能束手无策。那它还算智能吗？

**图灵测试**

图灵也预见到了这一点。所以在论文中，他说：我们或许希望机器最终能在所有纯粹的智力领域与人类竞争。但是，从哪些领域开始才是最好的呢？许多人认为从国际象棋这类抽象的活动开始最好，也有人主张要为机器提供最好的感觉器官，然后教会它理解并让它学会说英语。我认为这两种方法都应该尝试。

图灵提出有关机器智能的发展，并明确地预见了其分为两个阶段，即离身智能和具身智能。当时，还没有"人工智能"这个词，5 年之后，麦卡锡邀请明斯基、塞弗里奇、所罗门诺夫以及"信息论之父"香农等，在达特茅斯举办夏季研讨会，才使用了"人工智能"这个词。人工智能的发展路径则分为三个流派：符号主义、行为主义和联结主义。符号主义（symbolism）是基于逻辑推理的智能模拟方法，让计算机通过符号运算模拟人类的“智能”，并在早期取得了系列标志性成果。行为主义（actionism），又称进化主义或控制论学派，主要关注控制论及感知-动作型控制系统。我国的科学家钱学森是行为主义的代表人物之一。联结主义（connectionism），又称仿生学派或生理学派，依靠神经网络和它们之间的联结机制和学习算法，通过模拟人脑神经元的相互作用，赋予计算机类似于人脑的信号处理能力。如今大热的深度学习（deep learning）就是联结主义的产物。

我们不禁又要问，机器学习这条路径能否通向通用人工智能？逻辑学、统计学、神经科学和计算机科学等领域的研究者分别从符号主义、联结主义和行为主义三个纲领出发研究人工智能。打造通用人工智能是否需要第四种纲领？还是依靠这三者的融合就能解决？来到具身智能这个阶段，通用人工智能就能实现了吗？

本书的内容共分为上、下两篇。上篇以人工智能学派的视角梳理人工智能领域的专家对于“机器可以思考吗”的探索，旨在回答人工智能是如何从非具身智能一步步发展到深度学习、大语言模型，最后发展到具身智能的。下

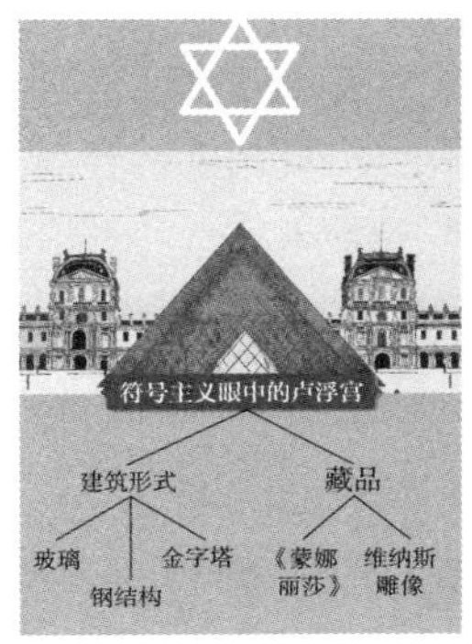

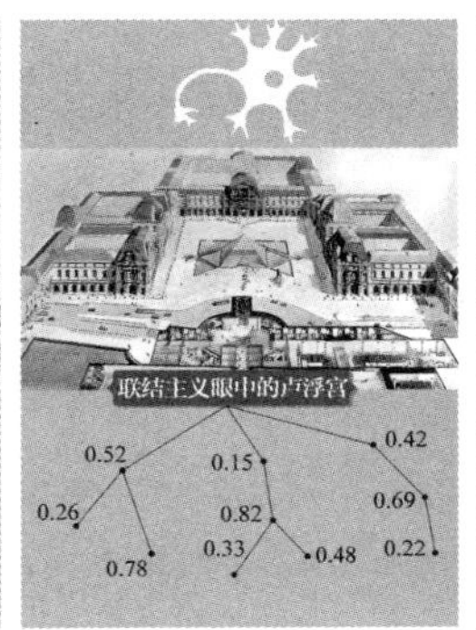

**人工智能三大学派**

篇则从技术视角出发，探讨机器如何通过模仿游戏实现具身智能。笔者笔力有限，所讨论的内容也是一家之言，如果能给大家带来一些启发，当是最好不过了。

或许，我们只是东施效颦，希望和图灵一样在地里种出一个木偶娃娃。

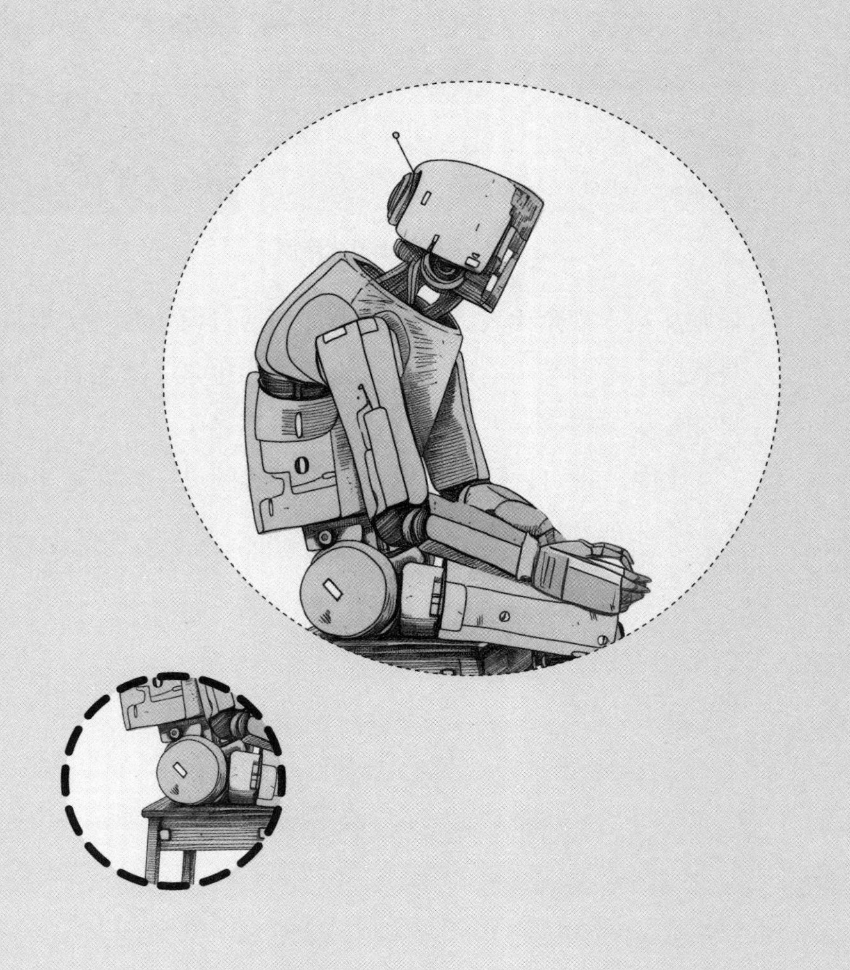

上篇

# 机器可以思考吗？

# 第一章
# 符号主义的野望

如果说薛定谔的猫是世界上最生死未卜的存在，那么拉普拉斯妖则是最无所不知的预言家。

这个可爱而又迷人的小妖精是由数学家拉普拉斯想象出来的，它可以精确地掌握宇宙中所有原子的确切位置和动量，并通过牛顿定律预测未来的每一个事件。也就是说，我们如果了解每个原子的初始状态，就能确定整个宇宙的命运，因为一切都是因果关系的链条，环环相扣，无法逃脱。

例如，在多米诺骨牌中，一旦推倒了第一张牌，剩下的牌就会依次倒下。在宇宙中亦是如此，拉普拉斯妖仿佛掌控着每一个开关，精确地知道这些开关如何相互作用，最终决定宇宙的未来。这个理论点燃了当时物理学界的热情，人们幻想，只要掌握足够的信息，我们就可以预判未来，从而塑造一个完全可控的世界。

想象中的拉普拉斯妖

## 从机械论说起

不过，有人开始想：既然世间万物都要臣服于运动规律，那么动物包括人类的身体，是不是也臣服于这些规律？再往深处想，是不是人类的思想、感情也符合运动规律？是不是我们头脑中的一切意识，本质上不过是物质运动的结果？再直白点儿说，就是大脑细胞运动的结果？

也就是说，你现在所做的每一件事、头脑中的每一个念头，或许在前一秒甚至在数十亿年前宇宙大爆炸的那一刻就已经被决定了。物理学家早已证明，人体的每一部分，包括我们的大脑，都是由粒子组成的，而这些粒子是在宇宙大爆炸时产生的。如此一环套一环地追溯下去，我们的所作所为和我们看到的每一个字、脑海中迸发的每一个念头似乎都早已注定。

这就引出了一个有趣的问题：既然如此，理论上“智能”是否可以通过数学方程直接推导出来？

至少“道德”是可以的。你如果看过斯宾诺莎的《伦理学》，翻开后一定会以为自己买错了书。整本书虽然叫《伦理学》，却压根没有提到“伦理”二字，全是定理和公式。比如：根据 ××（公理 5）以及 ××（定义 3），所以 ××（参看定理 1 及命题 7），此命题得证。

在斯宾诺莎看来，人的思想、情感、欲望等可以当作几何学上的点、线、面一样来研究，先提出定义和公理，然后加以证明，进而做出理绎。

这种试图用数学来解释世界，甚至包括人类意识的观点，被称为“机械论”。这个词你应该很熟悉，因为它经常作为错误选项出现在人们的考卷上。虽然一些教科书经常否定机械论的合理性，但直接说它错也不公平。机械论的提出者是非常聪明的科学家和哲学家，他们的初衷是建立一个由数学统治的完美世界。而斯宾诺莎的理念是值得我们很多人终生膜拜的。

> 人类所能达到的最高境界是为理解而学习，因为理解就是自由。
>
> ——斯宾诺莎

后来，黑格尔系统地提出了辩证法，使人们认识到机械论的局限性。随着时间进入20世纪，计算机横空出世。它的出现让机械论焕发新生，似乎通过符号计算和公式推导产生智能成为可能。

还记得之前提到的图灵机吗？这台抽象的机器展示了机械计算的强大潜力。图灵机的运作基于对符号的精确计算和逻辑操作，这个概念为现代计算机科学奠定了基础。它证明了在一组清晰的规则和算法指导下，机器能够通过操作符号实现复杂的计算，甚至模拟人类的某些思维过程。

比如，对于代码而言，有一种特别重要的指令类型，它可以让一段操作序列重复执行，直到满足某种特定条件。这不是指每次重复执行新的指令，而是不断重复执行相同的指令序列。

对于人类来说，这种指令类型就像饥饿与进餐的循环。每当感到饥饿时，你就会去寻找食物并进餐，直到你有饱腹感为止。饥饿是启动寻找和准备食物的条件，有饱腹感则是终止进餐的条件。只要饥饿的信号再次出现，你就会再次寻找食物。这个循环就像计算机中的指令，持续运行，直到条件被满足。

人类大脑和计算机尽管在结构和机制上全然不同，但在某些领域却具有共同的特征。因此，可以把人类大脑和计算机看作同一类装置的两个不同的特例，它们都用形式规则操作符号来生成智能行为。

这个理论可以算作机械论的 2.0 版本了，它叫作“物理符号系统假设”。理论的支持者被称为“符号主义学派”。

20 世纪的计算革命不仅为我们提供了崭新的科学研究方法，还为我们提供了全新的看问题的视角。过去我们认为是错误的，甚至是荒谬可笑的想象，在计算机时代似乎都可以实现了。

这也使我们逐步形成了一种新的世界观，即计算主义：不仅认知和生命可以被看作计算过程，甚至整个宇宙都可以被看作一个巨大的计算系统。这也是符号主义学派做出的巨大贡献。

计算与生命

## “逻辑理论家”诞生

时间回到1956年，赫伯特·西蒙正在达特茅斯会议上为大家展示一个小程序，这个小程序是他和学生艾伦·纽厄尔一起写出来的，名字叫“逻辑理论家”，他们声称这个程序可以模拟非数值的思考。为了验证他们的说法，他们决定让“逻辑理论家”挑战罗素和怀特海合著的《数学原理》。

为什么选这本书，因为它是当时数学界的权威著作。虽然书里也讨论了“1+1=2”这样的问题，但它却是用逻辑学、集合论、语言学和分析哲学推演出来的。这本书旨在表明所有纯数学都是以纯逻辑为前提推导出来的，从而用算法取代日常语言，减少误解。

补充一句，由于内容太过艰深，即使是专门研究数学原理的人也不敢轻易说自己完全理解了这本书。

人还没搞明白，机器却看懂了。“逻辑理论家”程序完美证明了《数学原理》第二章52条定理中的38条。两年之后的1958年，华裔哲学家王浩在一台IBM704计算机上，只用9分钟就证明了《数学原理》中一阶逻辑部分的全部350多条定理。这一次实践的成功表明了计算机程序其实是能够“思考”非数值问题的，从而也解释了由物质构成的系统如何具有心智的特性。如果说什么是第一款可以进行实际工作的人工智能程序，能够通过《数学原理》考验的“逻辑理论家”当之无愧。

> 我们发明了一种能够进行非数值思维的计算机程序，从而解决了古老的身–心问题，解释了由物质组成的系统如何具有心智的特性。
>
> ——赫伯特·西蒙

人们也由此找到了一种定义智能的方式：信息选择能

力。符号主义学派将人的思维过程归纳为三个阶段。

第一阶段：看到一个问题，在脑子里搜索过往的知识和经验，然后设计一个解题计划。

第二阶段：根据记忆中的公理、定理和推理规则，组织解题步骤。

第三阶段：根据推理结果得出结论。

这就像问“如何把大象放进冰箱里”一样。首先，你得开门；其次，把大象放进去；最后，关上冰箱门。只要步骤明确且按计划执行，整个过程就能顺利完成。通过这种逻辑推理和操作，计算机程序可以将复杂的问题简化为一系列可控的操作步骤，从而确保在满足条件的情况下准确得出结论。

慢着，你是不是看出问题了？“如何把大象放进冰箱里”，这是一个人类会觉得荒谬的问题，因为我们知道这多么不切实际，但机器无法意识到这一点。它只会根据既定的逻辑去制订计划、组织步骤并得出结论：开门，装大象，关门。在人类看来既不合情也不合理的步骤，机器会机械地执行，却无法体味其中的离谱。

但是对于符号主义学派所研究的“人工智能”而言，离不离谱是人类的问题，并不是机器的问题。更重要的是，机器给出的答案是否符合规则，以及它是否能按预定步骤执行。这种信息选择和逻辑推理的方式成为符号主义学派定义智能的核心。通过制订解题计划、组织推理步骤并得出结论，计算机程序可以将复杂的问题简化成明确的步骤，尽管其中可能缺乏常识和现实感，却能精确完成任务。

实际上，赫伯特·西蒙还做过一个心理学实验，来证明人类解决问题的过程本质上也是一个搜索的过程。也就是说，人类思考时会根据已有知识、经验和逻辑规则制订初步计划，然后在搜索空间中筛选出潜在的解决方案。这种过程类似于计算机算法在搜索空间中寻找最佳路径。

定义好了符号主义学派想要什么样的“人工智能”之后，西蒙开始用计算机模拟人的行为，从而创造出真正具备人类智能的物理符号系统。

在进一步说明符号主义学派做出的贡献之前，我们先来介绍一下学派的创始人纽厄尔和西蒙。

## “天才”与“勤奋”

天才的人生都是相似的。1916 年，赫伯特·西蒙出生在一个富裕的犹太家庭，从小衣食无忧。

他母亲是位钢琴家，所以他读书时就在家里弹钢琴，不去上学。就这样，他还连跳了两级，16 岁被名校芝加哥大学录取了，读的是政治学。大学期间，他还是不怎么去上课，所有科目都是靠自学，27 岁拿到了博士学位。随后，他一边在卡内基–梅隆大学当老师，一边在各个领域大放异彩：和纽厄尔一起抱走了图灵奖之后，他又陆续获得了诺贝尔经济学奖、冯·诺伊曼理论奖以及数不胜数的其他各种奖项。可以说，只要是他想研究的问题，他最后都能拿个奖回来。此外，他同时拥有 9 个博士学位，掌握 20 种语言（拿到诺贝尔奖以后，他表示自己的瑞典语终于可以在致辞的时候派上用场了，另外他还给自己取了个中文名叫司马贺），发明了世界上第一款电脑棋牌游戏，滑雪、弹琴、画画、写小说样样精通，最后在 85 岁的高龄逝世。

对如此开挂人生感兴趣的读者可以看看他的自传：《科学迷宫里的顽童与大师》。

写到这里，我不得不感慨：在天赋面前，勤奋真的不值一提。但他的学生纽厄尔却是“勤奋”的代名词。

艾伦·纽厄尔是在兰德公司打工的时候认识西蒙的，那会儿纽厄尔刚刚从普林斯顿大学数学系辍学，和空军合作开发一个早期的预警系统。25 岁的纽厄尔最热爱的事情就是工作，他一般从晚上 8 点开始工作，然后一直干到天亮，最大的快乐就是有“紧急事件”要求他整晚或者连续两晚不睡觉以便赶上最后期限。

1954 年的时候他和西蒙去访问马奇空军基地，发现那里的空军每天训练 24 小时，可把他乐坏了。于是他周末就跟着空军一起训练，整整两天都没有睡觉。

所以，也不要怪自己没天赋，大多数人努力的程度，还没有轮到拼天赋。

1961 年，纽厄尔离开兰德公司，正式加盟卡内基-梅隆大学，和西蒙一起筹建了这所大学的计算机科学系，这是全世界最早一批建立的计算机系之一。后来，西蒙和纽厄尔做了个约定，西蒙把主要精力放在心理学系，纽厄尔则把主要精力放在计算机科学系。有了“大神”的加入，这所本来只能算得上二、三流的学校凭借计算机系跻身世界一流大学梯队，并培养出了很多改变世界的人才。微软前全球执行副总裁沈向洋，谷歌前大中华区总裁李开复，都在这所学校拿到了博士学位。

虽然西蒙是纽厄尔的老师，但他们的合作却是平等的，合作的文章署名都是按照字母顺序，纽厄尔在前，西蒙在后。而且，西蒙每次见到别人把他的名字放在纽厄尔之前时，都会纠正。

1975 年，纽厄尔和西蒙一起去领图灵奖。纽厄尔这样形容自己的工作：“其实我们所研究的科学问题，并不是由自己决定的，换句话说，是科学问题选择了我，而不是我选择了它们。在进行科学研究时，我习惯于钻研一个特定的问题，人们通常把它叫作人类思维的本质。在我的整个科学研究生涯中，我都在对这个问题进行探索，而且还将一直探索下去，直到生命的尽头。”

纽厄尔和西蒙终生钻研的“人类思维的本质”，打开了人工智能最精彩的篇章。

## 诞生即高光，直到……

在介绍什么才是具备人类智能的物理符号系统之前，我先说一说 IPL（information processing language）。在开发“逻辑理论家”程序的过程中，西蒙首次提出并应用了“链表”（linked list），他将其作为基本数据结构，设计并实现了表处理语言 IPL。IPL 作为最早的表处理语言和使用递归子程序的语言，在人工智能历史上具有里程碑意义。

IPL 的基本元素是符号，并首次引入了表处理方法。其核心的数据结构是表结构，替代了存储地址或有规则的数组，使程序员能够在更高层次上思考问题，而无须陷入烦琐的细节。IPL 的另一特点是引入了生成器，每次产生一个值，然后挂起，等待再次调用时从暂停的地方继续运行。早期的许多人工智能程序都是用这种表处理语言编写的。

总结来说，在西蒙看来，一个完善的物理符号系统应该有以下六种功能。

第一是输入符号。类似于我们用耳朵、眼睛、鼻子感知外界信息，通过键盘、鼠标将数据输入计算机，现在手势和语音识别也是一种输入方式。

第二是输出符号。比如我们通过说话、书写或肢体语言输出信息，而计算机可以借助显示器、打印机等设备输出信息给人类或其他设备。

第三是存储符号。人类依靠记忆存储输入信息，计算机则把数据保存在硬盘、光盘等存储设备中。

第四是复制符号。人类是通过重复外界刺激强化记忆的，计算机可以轻松复制文件和数据。

第五是建立符号结构。建立符号结构意味着要找到各种符号之间的关系，在系统中形成结构。以人类来说，我们可以通过学习接受信息，然后对信息进行不同的组合，得出新的关系，组成新的符号系统。这个在数学上可以被称作归纳法。比如牛顿被苹果砸了以后发现所有的苹果都会砸到地上（这个被苹果砸了的描述没有史料证明），进而发现所有的物体都会掉在地上，最后得出了万有引力的结论。所以人类可以建立各种知识之间的联系，计算机也可以通过各种符号之间的关系，形成符号结构。比如if-then语句、指针和链表，这些都是计算机在行动过程中遵照的结构和框架。

第六是条件性迁移。这是指依赖已经掌握的符号继续完成行为。换句话说，就是把已有的知识扩展到新的领域。比如，人类可以根据牛顿定律建桥、造火箭和大炮，计算机也可以通过迭代和更新升级扩展现有的系统，从而实现新功能。

以上就是物理符号系统假设。这一假设意味着，任何具备这六种功能的系统都可以被视为拥有智能。从必要性角度看，所有表现出智能的系统都可以被证明是物理符号系统；从充分性角度看，任何足够大的物理符号系统都能通过组织展示出智能。

下面我们来举一个实际应用的例子。

科学家对让计算机下棋有种执念，这或许是因为下棋是检验智商的标杆之一。在电影《美丽心灵》中，天才纳什都对围棋束手无策，称它为“有缺陷的游戏”，因为他认为自己走的每一步都是最优解，但还是输了。显然，棋类游戏的魅力就在于它不仅需要你当下谨慎行棋，还要求你通盘考虑甚至牺牲部分棋子，方能全局取胜。

这种战略性牺牲似乎只存在于人类的高级情感中，机器又怎么可能理解？事实证明，试试才知道。1956 年，IBM（国际商业机器公司）从跳棋入手，开发了具有自学习和自组织能力的跳棋程序，它可以模仿优秀棋手的策略。好家伙，它不仅能果断放弃棋子，还会不断学习棋谱。经过不断改进，这个程序聪明得吓人，1962 年击败美国某州跳棋冠军。后来，计算机在国际象棋上也大显身手，1997 年“深蓝”击败了国际象棋世界冠军卡斯帕罗夫。2016 年，曾被认为不可战胜的围棋世界冠军，在 AlphaGo 面前也只能“投子认输”。当然，AlphaGo 所用的技术早已不仅是符号系统，这将在后续章节详细解释。

这些棋类游戏的胜利证明了任何足够大的物理符号系

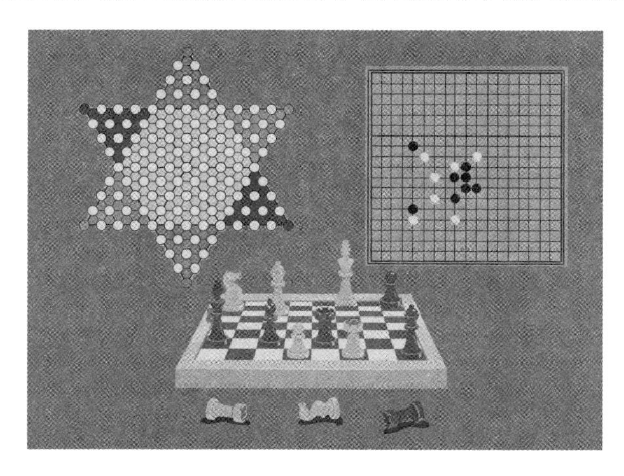

**棋类游戏**

统都可以通过进一步组织而表现出智能。受到了鼓励之后的符号主义学派一鼓作气，做出了下面三个推论。

第一个推论是，既然人具有智能，那么人就是一个物理符号系统。

第二个推论是，既然计算机是一个物理符号系统（能实现六个功能），那么它就具备智能。

第三个推论是，既然人是一个物理符号系统，机器也是一个物理符号系统，那么机器能模拟人就是个时间问题，早晚会实现。

但问题在于，机器真的需要完全模拟人类吗？如果是这样，又该模拟到什么程度？虽然人类和计算机都是物理符号系统并具有智能，但他们的工作方式和原理可能各不相同。

或许计算机最终的智能形态会不同于我们现在所知的范式。费米悖论是一个有关外星人、星际旅行的科学悖论，其最重要的两个矛盾观点是：（1）高等地外文明大概率存在；（2）我们至今没有观测到它们存在的证据。这是一件令人不安的事。要么我们是孤单的，要么高级智能体随处都是，我们却认知不到。那么计算机最终实现的智能会是什么样呢，会像高等外星生物那样，最终达到人类无法理解和匹及的高度吗？

看起来，符号主义学派已经解决了关于“智能”的问题，但是有人不服。

不服？这胆子也太大了吧！要知道当年的符号主义学派有钱又有势，在认知科学的研究中一枝独秀，在实践的进展中一路高歌。可以说，在 1958 年至 20 世纪 80 年代中期，人工智能领域的大多数研究都是在符号系统的指导下开展的。笔者上中学和大学的时候参加的人工智能系统实习，都是在做各种各样的专家系统（expert system），这就是符号主义学派的当家产品。

## 知识卡片：专家系统

专家系统是一种模仿人类专家解决问题的能力的计算机系统，主要在特定领域进行推理和判断。这类系统是人工智能技术的典型应用之一，它们集成大量专业知识和经验规则，能够解决复杂的问题，常用于医疗诊断、金融分析、工程设计等领域。

专家系统主要由三部分组成：（1）知识库，包含了特定领域的知识和事实，如规则、法则、公理等；（2）推理机，利用知识库中的知识来推导问题的解决方案；（3）用户界面，允许用户与系统交互，输入问题并接收答案。经典的专家系统有 MYCIN、DENDRAL 和 XCON。MYCIN 是最著名的早期医疗专家系统之一，开发于 20 世纪 70 年代，用于诊断血液感染和其他细菌感染，并推荐抗生素药物种类及其剂量。MYCIN 通过提出系列问题，根据用户的回答进行推理，展现了专家系统在医疗诊断领域的应用潜力。DENDRAL 是一个化学分析领域的专家系统，主要用于有机化合物的结构分析。该系统通过分析化合物的质谱和核磁共振数据来推测其可能的化学结构，是科学研究的重要工具之一。XCON，又名 R1，是美国数字设备公司（DEC）引入的专家系统，用于配置复杂的计算机系统。XCON 能够自动完成订单中计算机部件的选择和布局设计，有效提高了生产效率和准确性。

企业家大手笔地赞助科学家，就是为了能第一时间得到最先进的技术，好让自己公司的股票像 IBM 和微软一样一路飘红。最优秀的人才都涌进计算机系，试图用符号主义学派的方法成为第一个造出机器人的人。日本甚至在 20 世纪 80 年代就开展了雄心勃勃的“第五代计算机”计划。

所谓“第五代计算机”，就是把信息采集、存储、处理、通信和人工智能结合在一起的计算机系统。它不仅能做普通的数值计算，还能面向知识处理，具有推理、联想、学习和解释的能力，能够帮助人们进行判断、决策，开拓未知领域，获得新的知识。人们不再需要为它编写程序，只需要口述指令，它就能自动推理并且完成工作。它具备听觉、视觉和味觉，能听懂人说话，还能自己主动说话，看得懂图形和文字，会说好几种语言。当时，日本组织了富士通、日立、东芝、松下等一众大企业配合 ICOT（新一代计算机技术研究所）共同开发这个超级人工智能，总预算高达 1000 亿日元，并且预计 10 年内就能完成。全世界都在密切关注“第五代计算机”的一举一动。

所以，到底谁这么大胆，敢反对这个势不可当的发展趋势？嗯……是明斯基。

# 第二章
# 联结主义：从模仿到超越

首先，我们有请明斯基上场。

马文·明斯基是麻省理工学院人工智能实验室的创始人之一，是 1969 年的图灵奖得主，也是“人工智能之父”之一。

一般而言，想要被称作“什么什么之父”，至少得满足以下五个条件：

（1）有开创性贡献：首先得有“石破天惊”的发现，甩出让大家“哇哦”的新理论或新工具，并且能奠定这个领域的基础研究方向。例如，艾伦·图灵被称为“计算机科学之父”，是因为他提出了图灵机这样一个开创性的概念。

（2）持久影响：你的这个开创性发现应具有长期影响力，让人们几十年甚至几百年后还在继续你的伟大创举。

例如，达尔文的进化论就彻底改变了生物学的研究方向。

（3）受广泛认可：同行纷纷点头称赞，随时把你的名字挂在嘴边、写在论文里，你还经常出现在考试题目中。

（4）有系统性工作：不光嘴上功夫了得，还得让理论变成书籍，走进课堂和实验室，让你智慧的种子四处发芽开花，形成“学派”。

（5）有奠基人身份：通常是一个领域的创始人或奠基人，并引领了后来者发展。比如，西格蒙得·弗洛伊德被称为“精神分析学之父”。

从以上五点来说，明斯基都做到了。他提出的“框架理论”为计算机处理知识提供了结构化的方法，同时他在视觉、机器人和神经网络等方面的研究极具前瞻性。这些贡献使得他的理论在几十年后仍然得到广泛应用和讨论，为认知科学和学习领域奠定了基础。

明斯基不仅满足了“人工智能之父”的所有条件，还曾为斯坦利·库布里克执导的科幻电影《2001太空漫游》担任顾问，让“人工智能”这个学术概念真正做到了“出圈”。这部电影在阿波罗登月之前便描绘了太空的优雅、宁静和神秘，创造了一个忠诚却充满悲剧色彩的人工智能角色HAL9000，并用149分钟预言了人类50年科技文明的发展线，成为现代科幻电影的开山之作和典范。

马文·明斯基的智能观

而明斯基所倡导的人工智能发展路线不是别的，正是仿生与神经网络。1951 年，还在普林斯顿大学读书的明斯基做了一个“学生实践项目”——他用真空管搭建了一台名为 SNARC（Stochastic Neural Analog Reinforcement Calculator，随机神经模拟强化计算器）的自学习机器，采用随机连接的方式实现神经网络学习。实际上，这后来可以算作世界上第一台神经网络学习机了。

## 从模仿大脑开始

下面，在介绍联结主义学派的发展之前，我们必须明确一点：联结主义学派并不是完全排斥符号主义学派，毕竟，做一个合格的“码农”是每个程序员的必经之路。但在联结主义学派的眼中，符号代码只是工具之一，并非实现智能的唯一道路。

这就好比你在打游戏时，可以选择手柄或者鼠标键盘，但这两者本身不代表任何东西，只是看你用哪个更顺手。某些游戏可能用两种方式都能应对自如，而某些游戏或许用手柄更好，甚至有些游戏需要两者配合，才能发挥最佳效果。

那在联结主义学派看来，需要靠什么解决智能问题呢？

靠常识。

这听起来有点儿玄乎，但实际上正切中问题的关键。

在 20 世纪七八十年代，计算机的表现越来越出色，有些程序在下棋上打败了人类高手，有些程序能检测出心脏病，有些程序能组装工厂里的汽车。奇怪的是，没有哪个机器可以叠衣服、做饭或者照顾婴儿。

这是为什么呢？是什么阻碍了计算机完成大多数人类能轻松胜任的工作？是因为缺少更多存储空间或更快的速度吗？是因为计算机只能使用由 0 和 1 组成的语言吗？还是因为它们缺乏“灵魂”？

现在有一种解释是，在文明的发展中，那些涉及复杂计算和逻辑推理的任务只有几千年、几百年的历史，人类仍在适应这些相对较“新”的技能。但感知和运动等能力是人类和其他生物在数百万年的自然选择中逐渐习得的。这些能力虽然看似是“本能”，人们通过有限的样本量就能学会，实则背后是漫长进化历程中累积的庞大数据量。对于机器来说，由于缺乏这种长期进化形成的数据支持，它们面对的实际上是一个巨大的样本量数据缺失问题。这就解释了为何机器在执行一些对人类而言直观简单的任务时会显得笨拙。

我们之前提到，物理符号系统的一个重要方法论是：先把问题形式化，然后从中归纳出算法。这样一看，尽管理论很美好，但现实却很残酷。有些问题即使可以被形式化，也无法找到对应的算法。

原因有两点。

第一，程序没有明确的目标。我们能让机器帮我们解决问题，却不能告诉它为什么需要这么做。机器不会开口问你，也无法确认自己是否“做对了”，它只会傻乎乎地执行指令，而无法评估完成的质量。

就像下雨了，人们想找地方避雨，可能是因为不想淋湿，可能是为了保持衣服干净，甚至可能只是为了不弄乱发型。早期的机器翻译就是因为目标缺失而闹出了不少笑话。比如，将“小心地滑”翻译成了“Be careful to slide”。这些翻译之所以滑稽又令人尴尬，就是因为程序在翻译时缺乏具体语境，只能机械地按照字典中的词语翻译。

第二，受到当时算力的限制，程序无法解决复杂任务。怎么定义“复杂”呢？拿国际象棋来说，程序能打败大师是因为游戏规则相对明确，每一步通常只有 35 种选择，只要提高运算能力，就能解出答案。

但是放在围棋里就行不通了。围棋的复杂程度比国际象棋高多了，且不说格子变多了（棋盘上有 $19^2=361$ 个点），每个点上还都有黑子、白子、无子三种可能性，所以不同的围棋局面总数是 $3^{361}$，这已经是一个大得难以想象的数字了。

更复杂的是，围棋每走一步之后，大约会出现上百种合理的选择，国际象棋的 35 种跟它一比简直被打回了幼儿园水平，更何况，每多走一个回合，这一数字还会暴增一倍。围棋有多少种可能？10 的几百次方。这是什么概念？有人打过一个非常直观的比方，晚上抬头看见天上的星星，不管是恒星还是行星，把组成这些星星的原子数量拿过来，都没有一盘围棋的变化数量多。

如果我告诉你，甚至连这个都不算真的复杂性问题呢？

我在年轻的时候经常坐廉价航空。为了省钱，我想尽办法只带符合廉价航空行李托运政策的行李上飞机。每次旅行前，我都会精心策划“廉价航空穿搭”方案，力求把行李箱中的东西尽可能多地穿在自己身上，以减少手提行李的重量和体积。可问题并不简单：穿太多会热得难受，还可能看起来臃肿不堪，影响行动，甚至根本无法穿上所有的东西。虽然容易判断某个穿搭方案是否符合航空公司规定，但找到穿搭方案的最佳组合却非常复杂，可能需要穷尽所有搭配的可能性。随着携带衣物的数量增加，组合的可能性就会成倍增长。

再比方说，如果某人告诉你，140 353 416 645 029 可以写成两个数的乘积，你可能不知道他说得对不对；但是如果他告诉你，140 353 416 645 029 可以分解为 3 607 117 乘以 38 910 137，那么你就可以掏出计算器来验证他说的话是否正确。

生成问题的一个解，通常比验证一个给定的解要花费多得多的时间，这被称为“NP 难问题”[①]。

NP 难问题告诉我们，有些问题无法按照传统方式按部就班地计算出来。最好的方法是通过间接“猜算”得到

① NP 难问题，NP-hard problem，是指需要超多项式时间才能求解的问题。

答案，也就是找到一个解题的线索。这些线索或许无法直接给出答案，但可以告诉你，某个可能的结果是正确还是错误的。

于是，人们开始思考：对于这些 NP 难问题，是否存在一种确定性的算法，它能够在合理的时间内找到或搜索出正确的答案呢？这就是著名的“NP=P？”猜想。

对了，这里补充一个赚外快的方法。21 世纪有七大著名数学难题等待解决，分别是：NP=P 问题，霍奇猜想，庞加莱猜想，黎曼假设，杨-米尔斯存在性和质量缺口，纳维尔-斯托克斯存在性和光滑性，DSD 猜想。其中，庞加莱猜想在 2003 年已被一位俄罗斯数学家解决，剩下的六个难题，任何一个被破解都可以获得 100 万美元的奖励！

## 重要的“常识”

联结主义学派这时候发现了“常识”的重要性。

常识能帮我们快速理解复杂情况。举个例子：假设你正在看这本书，忽然肚子饿了，决定点份外卖。你打开手机上的外卖应用，先挑选了一家你常点的餐厅，然后浏览菜单，选定几道熟悉的菜肴。为了确保口味不会翻车，你还看了看其他顾客的评价。下单后，你知道配送员会在一小时内把外卖送到门口。

点外卖的常识

这个简单的过程涉及了很多常识：

（1）肚子饿：你意识到饿了，需要吃东西来补充能量。

（2）打开应用：你知道打开手机上的应用能找到外卖。

（3）选择餐厅和菜品：你了解菜单上的菜是什么样子，是否适合你的口味和需求。

（4）参考评价：你能识别其他顾客的评价信息，做出更好的选择。

（5）配送流程：你理解外卖的配送流程，知道会有人将食物送到门口。

这些常识在几分钟内就让我们得出了一系列复杂的结论，让我们顺利点好外卖；而对于没有常识的计算机来说，这个过程如果按照代码去执行，就会变得极为复杂。

所以，与其抱怨计算机“笨”，不如教它们一些常识吧。

下一个问题是，该怎么教呢？

可以一条一条输入吗？答案是做不到。联结主义学派发现两点：其一，人类所掌握的常识远比我们自己意识到的多；其二，常识并不是多多益善。具体如下。

第一，人类的常识量惊人。我们拥有成千上万个词汇，词汇的组合形成了海量的概念，这些概念与现实世界中的事物相连，产生了庞大的知识网络。不仅如此，我们的大脑有百万亿个突触，每天能记录生活中数千万条信息，所以别再用“记性不好”作为忘记（截止日期）的借口了！

第二，常识需要有效筛选。我们拥有海量常识，如果一次性激活所有常识，思维将被“淹没”。实际上，虽然我们每时每刻都会接触到各种事物，但只有极少数能引起注意。思维多数时间保持平稳，却会时不时游荡。比如，我正努力写代码，突然觉得饿了，开始想中午吃什么，然后担心体重问题，又想着好几天没运动了，直到脑中的声音提醒我“别再胡思乱想了，继续写代码”，才让我重新聚焦。

第三，演化的复杂性。为什么我们有这么多思维方式？因为我们的祖先在多样环境中生存，需要多种策略。有的需要全神贯注，有的需要耳听八方。我们从未发现一个公式能解释所有情感活动。牛顿可以用简单的 3 个定律描述物体的运动，麦克斯韦可以只用 4 个定律就解释了所有的电磁活动，爱因斯坦又接着把这些公式变得更简单。可是在心理学领域，我们却没办法找到一个确凿无误的公式去描述人的情感活动。

第四，前额叶皮质的作用。在人类进化过程中，前额叶皮质的发展是一个关键的转折点。早期的直立人种前额叶皮质较小，随着智人的出现和进化，前额叶皮质显著增大。这个大脑区域的增长和发展与我们复杂的认知功能、决策能力以及社会行为的形成密切相关。到现代人类，前额叶皮质已经高度发达，占据了大脑皮质的大部分。研究表明，前额叶皮质的复杂化与人类的行为和认知能力的增强有直接关系，使得总体脑容量相较于早期人类增长了 25%~30%。

它就像一个外挂，让人类开始产生高级思维，成为地球的霸主。不管是发愁、高兴，做加减乘除，还是回想记忆，预测未来，这些活动都是在前额叶皮质发生的。它就像一个总承包商，随时掌握着大局，同时和负责倾听、移动四肢及掌控呼吸的“基层劳工”保持密切接触。大脑里其他的部位往往只能从事一个领域，前额叶皮质却像无所不能的超人，扮演的角色牵连广泛，遍及大脑各个角落。

也正是前额叶皮质决定了我们什么时候该当机立断，什么时候可以暂时搁置一些事情和情绪。它解释了为什么我们在饥肠辘辘的时候走进餐厅，不会像一条狗一样闻来闻去。它能压制其他脑区的活动，来引导我们做出比较能让社会接受的事情，比如优雅地坐下，微笑着点餐。

总之，如果没有这个神奇的前额叶皮质，我们就会欠缺自控力、判断力、观察力和想象力，我们所表现的举止就不会符合多数人心目中的“正常人”。

### 知识卡片：臭名昭著的前额叶切除术

为了治疗精神病患者，葡萄牙神经外科医生莫尼斯发明了前额叶切除术。莫尼斯声称，手术后，病人的精神疾病得到显著改善，人会变得十分温顺。因为该手术的发明，莫尼斯甚至获得了1949年诺贝尔生理学或医学奖。但是后来人们发现，病人也会因为切除了前额叶而失去精神活动，整个人会变得呆滞、迟疑，如行尸走肉一般。在一些医生的肆意推广下，约有30万人进行过这个手术，给数十万家庭带来了不幸。电影《飞越疯人院》中的主角麦克墨菲便被精神病医院强行实施了这个手术。莫尼斯的诺贝尔奖也成为诺贝尔奖的“黑历史”。

第五，神经元的联结。前额叶皮质的工作主要是通过神经元的联结。成年人的大脑重约1400克，包含众多神经元，每个神经元通过突触与其他神经元相连。神经元间的联结方式极其复杂，甚至比围棋的变化多得多，令人难以想象。就算真的把神经元的变化方式组合算出来了，也不能代表什么。因为现在还没有一项研究能说明神经元之间的这些联结到底是怎么发挥作用的。不过，泛泛来谈，神经元主要做的事情就是储存和传输信息。这一点，计算机也不是不能做到，关键是要找到合适的角度和方法。

联结主义学派的第一个法宝是“并行分布式计算”，灵感来自人类大脑的运作。每个行为和情绪变化最终都可以归结为神经元之间的联系和互动。计算机的“大任务”被分解成小任务包，小任务包既相互独立又彼此影响，这完美模拟了大脑的复杂活动。

第二个法宝是“感知器”。既然人类的认知不是简单的符号运算，而更像一个相互关联的网络结构，那就用感知器来模拟大脑的构造吧！在感知器里，计算机通过无数简单处理单元（类似于人脑中的神经元）的相互作用形成认知能力。借助这种架构，计算机能够像我们一样进行多任务处理，逐渐学会自学习、自组织和自适应。

这使得联结主义学派又被称为仿生学派或生理学派。

联结主义学派放弃了过去认为大脑和心智只是一个计算机程序的观点，而将智能视为一种基本的生物现象，类似生长、消化或胆汁分泌。通过模仿神经元网络的复杂联结，联结主义学派希望揭开大脑认知的秘密，让计算机能够像人类一样“思考”。

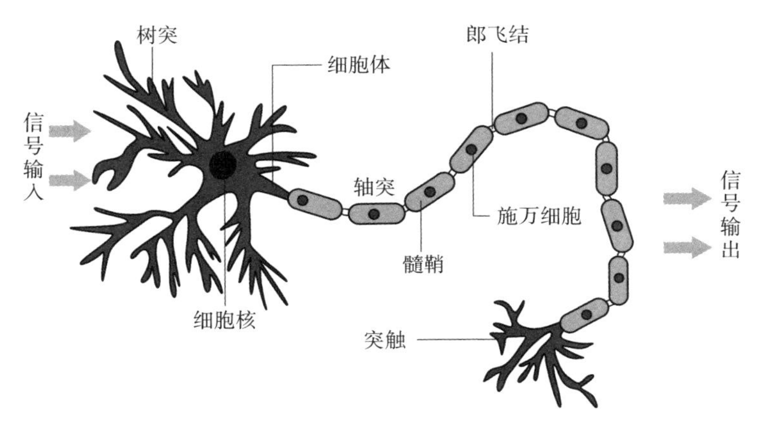


神经元结构示意图

## 知识卡片：计算机目前是如何实现“思考”的?

是先有计算然后拥有智能，还是先有智能才拥有计算呢？这个问题的答案可能并没有那么直观，不过从目前计算机的发展来看，计算机的智能是建立在计算之上的。

计算机是怎么进行计算的呢？这主要可以分为两类：一类是单打独斗的计算，我们称之为串行计算，串行计算就是一步一步地执行计算指令，下一步指令可能会依赖上一步的结果；另一类是群体协作的计算，我们称之为并行计算，并行计算的计算机可以同时执行多个指令，同时执行的指令独立运行，互不影响。CPU（中央处理器）是串行计算的代表，一个 CPU 往往只有一个或者几个核心。CPU 擅长处理逻辑计算。GPU（图形处理器）则是并行计算的代表，往往有成千上万个核心，虽然每一个核心的能力都比不上 CPU 的核心，奈何“人多力量大”，核心多了在处理密集的计算任务时便有独特的优势。

早期 PC（个人计算机）上的密集计算任务就是由图形图像处理的，所以 GPU 的全称叫图形处理器，电脑显示界面的渲染、视频的播放、游戏画面的渲染往往都有 GPU 的参与。后来，人们发现 GPU 其实不只能处理图形图像数据。若把数据用图形图像的形式存储，是不是也可以利用 GPU 的加速能力了呢？这就是通用 GPU（GPGPU）的概念。通用 GPU 的概念大大拓展了 GPU 的能力范围，无疑对 GPU 的未来具有重要的意义。

如何实现通用 GPU 呢？毕竟，一来早期 GPU 的设计完全是为了图形图像设计的，直接用在通用计算上效率并不一定会高；二来 GPU 当时的编程方法十分复杂，如果不是非常了解 GPU 的硬件设计，想让 GPU 完成自定义的任务将十分复杂。于是，2006 年英伟达推出了 CUDA[①]。推

① CUDA 是英伟达设计研发的一种并行计算平台和编程模型。

出 CUDA 的想法首先是让硬件归 CUDA 来管理，硬件要兼容 CUDA 设计的软件接口，然后给用户提供一套相对容易理解和使用的编程模型。这样看起来问题就解决了，但是 CUDA 的应用并非一帆风顺。

毕竟天下没有免费的午餐，实现通用一定会以牺牲一定的性能为代价。而当时其他通用计算的市场并没有那么大，结果就是推出 CUDA 的英伟达的股价长期以来一直处于个位数。

这个状况直到深度学习时代到来才发生了翻天覆地的变化。人们发现使用显卡做深度学习的计算效率要比 CPU 高很多，例如，在一个英伟达的 M40 GPU 上用 ResNet-50 训练 ImageNet 需要 14 天，而如果用一个串行程序在单核 CPU 上训练可能需要几十年才能完成。以深度学习为代表的人工智能的崛起带来了显卡市场的一片繁荣，在 2024 年 5 月 23 日，英伟达的市值已飙升至 2.55 万亿美元，与市值高达 2.87 万亿美元的苹果相比，仅相差 3200 亿美元。

人工智能的崛起除了带来硬件的繁荣，同样也带来了人工智能算法开发的繁华。为了简化模型构建、减少开发难度和方便开源，不同的深度学习框架被开发出来，以对常用网络结构进行模块化复用，其中 Tensorflow 和 PyTorch 在多年的演化过程中逐渐崛起，成为当前最为成功的深度学习框架。

Tensorflow 是由谷歌于 2015 年推出的。由于 Tensorflow 脱胎于谷歌内部项目 DistBelief，因此设计之初便考虑了企业部署的需求，如分布式计算、大规模数据处理和生产环境的适配。由于出色的稳定性和规模化部署能力，Tensorflow也非常适用于商业产品和大型企业项目的深度学习框架。

PyTorch由Facebook（脸书，后更名为“Meta”）的基础人工智能研究团队开发，是一种用于构建深度学习模型的开发框架。由于支持使用Python编写，大大降低了开发门槛，同时可以动态修改神经网络模型，能够方便进行快速实验和原型设计，PyTorch开始逐渐被学术界广泛使用。近年来，PyTorch逐渐显现出了学术圈包围企业的态势，毕竟软件开发还是要先和人打交道，再与机器打交道嘛！

但事情或许还有新的转机，因为机器已经逐渐开始学习自动编程了。

联结主义学派的第一个贡献是M–P神经元模型。这个模型主要描述的是单个神经元如何在复杂的网络中执行逻辑操作。它将神经元抽象为具有输入和输出的逻辑单元。它接收一组输入信号，每个输入信号带有不同的权重，通过累加权重，计算出一个总和，如果总和超过设定的阈值，神经元就会“触发”并产生输出信号。这个输出信号则会成为其他神经元的输入，如此形成一个复杂的神经网络。

在进一步介绍M–P神经元模型之前，让我们来看看这个模型的创造者——沃尔特·皮茨和沃伦·麦卡洛克。他们俩的经历正是对“英雄不问出处”最好的诠释。

## “英雄不问出处”

皮茨出生在1923年底特律的一个贫困家庭，年幼时便遭受父亲的家暴和周围人的欺凌。为了逃离家人的伤害，他只好整天躲在图书馆里阅读各种图书。酒鬼父亲不让上学，他就自学了希腊文、拉丁文、逻辑学和数学。

他的天赋很快在数学上得到了体现。有一天，他偶然翻到了罗素和怀特海的巨著《数学原理》。前面说了，这本书讲的都是纯逻辑的东西，一般人基本上看不懂。可是皮茨翻开第一页就入了迷。他在图书馆里待了整整3天，从头到尾读完了这部近2000页的大部头著作，而且居然发现了书中的几处错误。随后，他把这些错误都写在一封信里寄给了罗素。

罗素收到信后很诧异，没想到自己这本《数学原理》真的有人从头到尾看完了，更没想到居然还被挑出错来了！他很好奇，想知道这个天才读者是哪个大学毕业的，因此邀请皮茨去英国剑桥大学当他的研究生，结果没想到皮茨还只是一个12岁的孩子。

从此，罗素和皮茨开始了书信往来。3年后，皮茨听说罗素要去芝加哥大学访问，15岁的他决定离家出走前往伊利诺伊州。从此，他永远摆脱了他的原生家庭。

沃伦·麦卡洛克比皮茨年长 24 岁，家境与皮茨完全不同。他来自优渥的家庭，在贵族学校接受教育。麦卡洛克自认为是哲学家兼诗人，喜欢雪茄、威士忌和夜生活，常常工作到凌晨。两人相遇时，麦卡洛克已经 42 岁，而皮茨年仅 18 岁。麦卡洛克向皮茨解释了他试图用莱布尼茨的逻辑演算建立大脑模型的想法，皮茨立即领会并清楚可以应用的数学工具。他们开始讨论如何通过神经元链联结逻辑命题，并意识到通过逻辑规则可以建立复杂的思想链。皮茨和麦卡洛克经常在操场上坐到天亮，喝着威士忌，谈论他们的大脑模型计划。

在天才少年皮茨到来之前，麦卡洛克的研究正停滞不前：他想用逻辑规则把神经元联结起来，这样就能构建更加复杂的想法链。这种方式和《数学原理》把命题链联结起来从而构建复杂的数学原理是一致的。

但问题在于，神经元的联结很有可能是环状的，这样的话，最后一个神经元的输出就成了第一个神经元的输入。这就像咬自己尾巴的衔尾蛇，在这种情况下，麦卡洛克没办法构建数学模型。

皮茨想到了一种解决办法：去掉“时间”的概念。

这样一来，哪个神经元先激活，哪个神经元后激活都不再重要了。这种方法有点类似于我们在走过一条繁华的

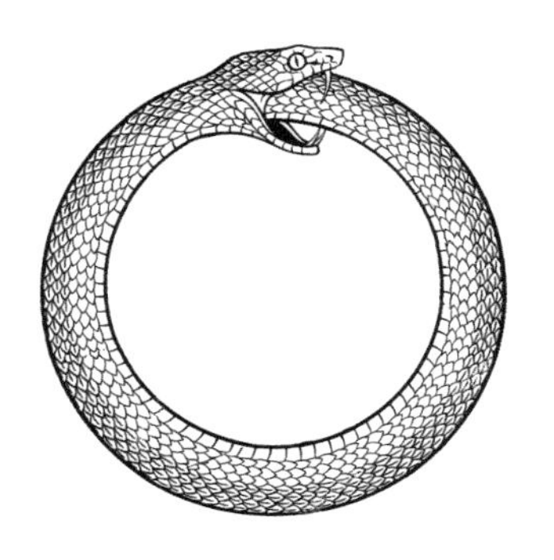

衔尾蛇

美食街的时候，无法准确判断是先看到了各式摊位，还是先闻到了飘来的香味，又或者是先听到了吆喝声。无论是哪种感官信号先到达，我们的大脑都会将这些信息融合成一个整体，使我们意识到自己正置身于热闹的美食街。所以，如果神经元的链条是环状的话，就相当于信息一直在不断地流动。这也很像我们的意识流，除非你被敲晕，否则意识流是不间断的，不管你是醒着还是睡着了。

这一模型揭示了每个神经元都可以根据设定的阈值来激发，并接收来自多个神经元的输入信号，最终生成单一的输出值。通过改变阈值，神经元可以执行逻辑运算。这种机制类似于电子逻辑门，允许大脑通过复杂的网络实现逻辑计算。皮茨和麦卡洛克发现，通过串联这些神经元，甚至可以模拟图灵机的计算能力。

换句话说，你可以把大脑看作由不同的开关组成的复杂电路，一头接着电流，一头接着灯泡，当你接收到外界的刺激时，就像是在电路里加了一道电流。随后，有的开关打开，有的开关闭上，电流就像穿过一座迷宫一样穿过了大脑电路，最后点亮了灯泡。动画片里面的人物如果突然想到了什么好主意，头顶上就会“叮”的一声冒出一个灯泡，或者像是被闪电劈中似的一激灵，这些都很形象地描述了神经元的工作原理。

皮茨和麦卡洛克的研究最终发表在《数学生物物理学通报》上，题为《神经活动中内在思想的逻辑演算》（A Logical Calculus of the Ideas Immanent in Nervous Activity）。虽然这是一种对生物学大脑的极大简化，但它证明了思想可以通过逻辑推理和计算来实现，为神经科学和计算机科学的发展奠定了重要的理论基础。

我们知道了我们是怎么知道的[①]，这是科学史上的第一次。M-P 模型从神经元开始进而研究神经网络模型和脑模型，开辟了人工智能又一条发展道路。

皮茨也由此成了“逆袭”的代表，1954 年，他和信息论创始人克劳德·香农以及发现 DNA 双螺旋结构的詹

① 麦卡洛克的名言：We know how we know。

姆斯·沃森等人一起被《财富》杂志评选为“40 岁以下最有才华的 20 位科学家”。其中，只有皮茨来自贫困家庭，他甚至连高中毕业证都没有。

有一个趣事。控制论创始人诺伯特·维纳当时在麻省理工学院（MIT）教授数学，遇到皮茨后便确信他是全世界最优秀的科学家之一，想将他纳入麾下并授予其麻省理工学院数学博士学位。然而，在办理入学手续时才发现，皮茨连高中都没毕业。最后，维纳不得不找了很多关系，才破格录取他。

## 终于大脑，却不始于大脑

联结主义学派的发展一开始进行得很顺利，“信徒”众多。20 世纪 50 年代末，Mark 1 诞生了，它使用了感知机（perceptron）模型来模拟神经元的工作方式，是一种简化模仿人类神经元结构的早期计算模型。其核心思想自然是基于 M-P 模型，通过光学扫描仪输入视觉数据，然后进行分析和分类。想象一下，一个迷你团队在工作：有人负责接收信息，有人分配重要性，还有人给出最终答案。下文对它的运行方式进行了描述。

（1）接收信息。在 Mark 1 的“入口”，输入层是团队中的“接待员”。它负责收集外界的信息，比如你想识别手写字母或简单图案，每个输入信息都会被转化成数值或特征。

（2）分配重要性。接下来，团队中的“统计员”将为每个输入信息分配重要性。每个信号都与特定的“权重”值相乘，权重越高，代表这个信号越重要。

（3）激活决策。输入信息的“加权汇总”被送到“激活函数”处，这相当于一个“闸门”。如果总和超过某个阈值，门就会打开，信号被激活；否则，门会关闭。这个过程就像一个安全检查：只有总和符合条件的人才能通过。

（4）得出答案。信号通过激活门后，到达输出层，它是团队中的“最终决策者”。在这里，团队会综合计算结果，为输入的信息做出分类或数值预测，比如辨别一个手写的“A”或判断预测数值。

（5）学习改进。感知机的“培训师”负责教导团队。每次回答错误后，它会调整权重，类似于告诉大家下次记得更重视这些信号。通过多次训练，Mark 1 逐渐“记住了”哪些信号最重要，从而提高了回答问题的准确性。

这种学习方法被称为“错误驱动学习算法”。如果感知机的预测正确，算法就继续处理下一个样本；如果预测错误，算法会调整权重，更新模型，重新预测。

Mark 1 的出现使神经网络研究达到了第一次高潮。1958 年，《纽约时报》发表了一篇关于 Mark 1 的报道，标题为《海军新装备“做中学”：心理学家展示能够阅读和越来越聪明的计算机雏形》（New Navy Device Learns by Doing: Psychologist Shows Embryo of Computer Designed to Read and Grow Wiser）。《纽约时报》的报道基本上代表了当时大家对联结主义学派的态度，人们把 Mark 1 视作计算机发展的新突破，期待它成为一种能够自我学习、阅读、书写、行走，甚至能意识到自我存在的设备。全球各实验室也纷纷仿效，将这种新型计算机用于文字识别、声音识别、声呐信号分析和学习记忆问题的研究，学者将其视作开启未来人工智能领域的钥匙。

新问题很快又出现了。

首先，科学家发现，原来大脑不是信息处理的唯一器官，还有一个器官也起到了重要作用，那就是眼睛。

一开始，大家以为眼睛只是起到传输的作用，即把外界的光变成信号传到大脑里，然后由大脑负责解释这个物体是什么。后来，生物学家抓了一堆青蛙来做视觉实验，他们通过调整灯光的亮度、展示不同的栖息地照片，甚至用电磁力摆动人造苍蝇，来观察青蛙视觉系统的信息传递过程。

研究结果显示，蛙眼不仅能记录视觉信息，还会过滤与分析对比度、曲率和运动等视觉特征。结果揭示，眼睛与大脑之间的沟通已经经过高度组织和解译。1959 年的

**收藏于史密森博物馆的 Mark 1 感知机**

图片来源：National Museum of American History，https://americanhistory.si.edu/collections/object/nmah_334414。

论文《蛙眼告诉蛙脑什么》（What the Frog's Eye Tells the Frog's Brain）详细记录了这些发现，成为一篇经典论文。

这就能解释为什么只要一只昆虫的“影子”从眼前掠过，青蛙就会立即做出反应：扑向食物。因为眼睛跟大脑沟通的语言是已经高度组织化并且解译过的，或者说，不管发生了什么，眼睛在将信息传送给大脑之前至少已经做了部分的“编译”工作，而不是完全靠大脑里的神经元进行推理或解释。

这说明“本能”在“智能”中发挥了相当大的作用。

蜜蜂的建巢行为，狗的嗅觉敏锐度，或老鹰的视野广阔性，这些都是长期进化的结果，也表明了本能行为的复杂性。因此，我们认识到信息处理不仅仅依靠大脑的高级认知功能，实际上在生物体的低级感知系统中已经开始了非常复杂的数据处理工作。

这种从生物本能到智能行为的过渡，揭示了智能的多层次性和多样性。

蛙眼的研究结果令联结主义学派的世界观产生了根本性动摇。传统上，以大脑为中心的思维模式和纯粹的逻辑推理被视为理解大脑功能的主要途径，可现实却显示出生命和行为的复杂性远超我们的想象。也就是说，在智能的本质没搞清楚前，联结主义学派不可能构建一个大脑的实用模型。

自然最终选择了生命的杂乱而非逻辑的严谨。

其次，在算法上，感知机也存在逻辑 bug（程序缺陷）。这个问题的提出者不是别人，正是明斯基。

明斯基指出，Mark 1 基于单层感知机模型，只能解决线性可分的问题，对复杂的非线性问题无能为力。所谓线性问题和非线性问题的区别主要在于，是否可以通过直线（或者平面、超平面）在特征空间中进行分割。简单地说，如果一个问题可以通过一条直线将两类数据完全分开，那么这个问题就是线性可分的；而如果没有任何直线能完全分开数据，这个问题就是非线性的。

感知机的这一限制使得它甚至无法识别如 XOR（异或）这样的简单逻辑问题。什么意思呢？

在逻辑操作中，XOR 是一个基本的逻辑运算：如果两个输入值相同，输出为 0（假）；如果不同，输出为 1（真）。例如：

输入（0，0）：输出 0。

输入（1，1）：输出 0。

输入（0，1）：输出 1。

输入（1，0）：输出 1。

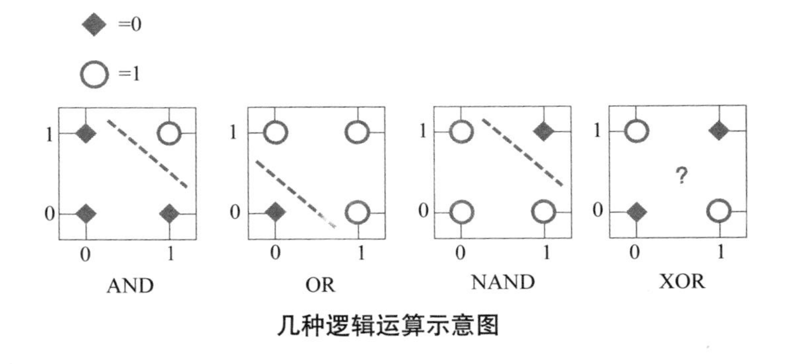


**几种逻辑运算示意图**

对于这些输入组合，感知机需要学会在不同情况下得出不同的输出。然而，XOR 问题在数学上属于非线性问题，是无法用单层感知机的线性模型来准确分类的。单层感知机模型只能通过线性函数将输入映射到输出，无法处理需要多个逻辑层次或更复杂条件的非线性关系。这种限制在简单逻辑任务中表现得尤为明显，显示出单层网络在解决实际复杂问题时的不足。

连明斯基都这么说了，联结主义学派宛如被泼了一盆凉水，并由此陷入了第一次低潮。

## 符号主义学派和联结主义学派的回顾

在第一次人工智能低潮来临之前，联结主义学派和符号主义学派对认知的理解存在明显差异。联结主义学派认为认知不仅仅是简单的符号操作，而是由大量神经元节点构成的复杂网络活动。在这个网络活动中，每个节点都与其他节点相互影响，形成了一个动态的、互联的信息处理过程，从接收初始信息到最终输出。

符号主义学派则专注于符号的结构和程序逻辑，强调符号操作的序列性和确定性。他们更倾向于使用预设的规则和算法来处理信息，强调程序逻辑的严谨性。

因此，两派的主要区别在于对认知过程的理解，这种差异导致了他们在理论框架、建模方法和程序实施方面的显著不同。具体来说，这些区别主要体现在以下几个方面。

（1）并行与串行处理。符号主义学派类似于电路中的串联连接，处理信息时必须按部就班；而联结主义学派则类似于并联连接，各节点可以同时并独立地处理信息，表现出更复杂的交互和协作。

（2）信息的存储方式。符号主义学派倾向于在特定的存储位置集中存储信息，而联结主义学派认为信息是在整个网络中分布式存储的，每个节点都参与但不单独决定信息内容。

（3）容错性。由于符号主义学派系统的集中式逻辑结构，一个小错误可能导致整个系统崩溃。相反，联结主义学派的分布式和冗余特性使其在面对单个节点故障时显示出更高的容错性。

（4）自适应性。符号主义学派依赖外部编程来适应新情况，需要程序员手动更新系统；联结主义学派则通过内部的学习机制自适应环境变化，通过调整联结权重和网络结构来优化性能。

我们可以用一个比喻来描述这两个学派的特点。

假如把认知比作大海，符号主义学派就像是瀑布，飞流直下三千尺，只要没东西挡着，就流得特别顺畅。联结主义学派则像是千万条涓涓细河，从四面八方赶来，最后汇入大海，可谓是海纳百川，有容乃大。

现在，有请吃瓜群众搬好小板凳，看看这两个学派是怎么被后浪追上的吧。

# 第三章
# 行为主义的世界很大

MBTI 人格测试你做过吗？你是 P（perceiving）人还是 J（judging）人？

所谓 J 人，判断人，是指总是希望能预先判断怎么做、崇尚结果导向、不喜欢意外惊喜的人；所谓 P 人，感知人，是指倾向于感受周围的信息、适应能力强、崇尚随机应变和自由自在生活态度的人。

如果说符号主义学派、联结主义学派是按部就班的 J 人，一直在思考怎么通过规则或者算法让人工智能更好地工作，那么行为主义学派就是妥妥的 P 人，这派学者更为洒脱，他们不太关心大脑的具体工作机制，而是采取了“先行后知”的策略——让机器先展现出智能行为，相信机器经过足够的实践之后自然会孕育出智慧。他们的座右铭是“读万卷书，不如行万里路”。

按部就班的 J 人和行动果断的 P 人

## P人行为主义学派

行为主义学派也反对符号主义学派。为什么大家都反对符号主义学派？不是因为符号主义学派表现太差，恰恰相反，是因为在那个年代符号主义学派是个优等生。

前文我们探讨了符号主义学派，提到他们的理论基石是“物理符号系统假设”，该假设认为智能是依托符号系统运作的。但这个系统如何与外界互动呢？答案依然是依托符号：感知和行为模块通过符号接口与中心处理系统沟通，中心处理系统接收输入，进行逻辑运算并输出执行指令，从而形成一个完整的任务执行闭环。

这个想法很美好，但是实现起来就困难重重了。

首先是感知如何转化为符号。想象一下，当我们描述一个物体时，我们可以使用各种属性，比如大小、形状、颜色等，并以此定义物体与物体之间的关系。但问题在于，不同任务可能需要关注不同的属性。

例如，当我们让机器人帮我们拿一个苹果时，机器人要先判断这个苹果的位置在哪儿。如果我们还让机器人判断苹果是否熟透，那么机器人就需要关注苹果的颜色、硬度甚至味道。如此一来，感知设备需要提供多少种符号接口？是提供一个万能的通用接口，还是根据需要提供多种特定的接口？如果只有一个通用接口，那么所有类型的感知信息就都需要通过这个接口去一一对应和推理，这无疑会增加中心处理系统的负担。如果提供多个接口，那么感知设备的设计和实现难度又会大幅增加。

对于符号系统来说，它需要丰富的知识来帮助它进行准确的判断，所以符号系统后来就走到了专家系统的道路上。丰富的专家知识可以被看作符号系统的“世界模型”，是符号系统对所研究问题的一个整体认知。

其次是效率问题。符号处理方法将所有推理任务集中在中央处理单元上，这不仅增加了推理的负担，也使系统难以快速响应实时环境变化。符号系统需要处理大量数据和复杂的逻辑规则，这些操作难以并行处理，从而导致计算效率低下。

况且，人类并不是什么事情都需要思考的。比如，大家所熟知的膝跳反射，无论我们的主观意识多么希望小腿不会跳起来，身体都会很诚实地做出应激反应。如果看过《思考，快与慢》这本书，你会了解到，人在进行决策的时候，其实是分层的，不同层之间相互配合，每一层处理不同类型的认知任务，从简单的感知处理到复杂的高阶推理，从而能够实现智能与效率的统一。目前，人类处理信息可以分为以下四层。

（1）感知层。这是最基础的层级，负责处理来自外部环境的传感器输入，如视觉、听觉和触觉信号。在这一层，大脑对原始数据进行初步处理，例如识别形状、颜色或声音的基本特征。

（2）预处理层。在这一层，大脑开始整合感知层的信息，形成更复杂的感知图像。这可能包括将视觉对象与记忆中的类似对象进行匹配，或是识别语言中的词汇和结构。

（3）认知层。这一层处理更高级的认知任务，如学习、记忆、注意力和情绪反应。在这里，大脑利用从下层收集的信息进行复杂的推理和决策制定。

（4）执行层。这是顶层，负责决策的最终输出，包括计划行动和执行动作。这一层根据下层提供的信息和上层的战略目标来指导行为。

从这个视角看，简单的浅层智能其实不需要建立过于复杂的符号系统。从进化的视角看，无论是人类还是其他动物，最初的进化往往都从如何适应环境开始，一旦基本的生存和反应机制建立，更高级的行为、语言处理、专业知识和推理能力的发展就变得相对简单了。

这一点在联结主义学派遇到的问题中体现得尤为明显。比如之前提到的关于青蛙视觉系统的实验，科学家发现青蛙的眼睛并不仅仅是记录所见事物的简单传感器，而是能够进行初步的信息处理，比如分析和过滤视觉输入中的对比度、曲率和运动等特征。这意味着青蛙的视觉系统在将信息传递给大脑之前，已经进行了一定程度的预处理，而非依赖复杂中央处理系统（如人脑或计算机中央处理器）来处理所有信息。

所以，与其费力地构建一个“世界模型”或者“世界大脑”，不如让机器在实际环境中直接感知和行动。真实的物理世界就是机器的“世界模型”，机器只要学会如何和世界进行交互就可以了。

那么相比于研究人的智能，研究“人的感知和行为”要更加现实一些。这也就导致了行为主义的诞生。行为主义最早被用于研究动物包括人类的生理、心理现象。他们把有机体应付环境的一切活动统称为“行为”，认定全部行为都可以分解为“刺激”和“反馈”两大过程。给考察对象以某种刺激，观察它的反馈，通过研究反馈与刺激的关系来了解对象的特性，而不去纠结对象内部的组织结构，这就是行为主义方法。

## “事事有回音”

行为主义的核心理念就是反馈。这种机制不仅在自然界中无处不在，也是人造系统的调节大师。反馈机制在生物的生理过程和技术系统的设计中都起着至关重要的作用，它保证了系统的稳定运行和高效率。

简单来说，反馈机制涉及系统输出的一部分被重新投入系统输入端，这种循环的存在能够调整系统的行为，使其更好地适应环境变化或实现预设目标。

反馈可以分为两种：正反馈和负反馈。负反馈是一种普遍的调节方式，其核心目的在于缩小系统输出与期望目标之间的偏差。通过抑制过度反应，负反馈有助于系统维持稳定状态，人体的体温调节系统就是利用负反馈机制来保持体温恒定的典型例子。相反，正反馈则增强系统输出，推动系统状态向更加极端的方向发展，这在需要快速放大结果的情况下特别有用，如血液凝固过程中的正反馈机制，一旦触发，便会加速凝血因子的活化，促进伤口快速愈合。

**通过负反馈保持平衡**

反馈是一种效率很高的机制。金庸武侠小说《笑傲江湖》里面的独孤九剑就深得反馈机制的精髓。独孤九剑有两个特点。一是无招胜有招。独孤九剑的核心理念是“无招”，意思是不拘泥于固定的招式和套路，而是根据敌人的攻势随机应变。这种剑法讲究以无招对抗有招，通过灵活变化达到以攻为守。二是阅读对手。先观察对手的反应，然后决定怎么出招。如果执剑人被蒙上了眼睛，独孤九剑的优势就发挥不出来了。所以独孤九剑在剑法中非常实用高效，不追求花哨的外表，每一剑都直指要害。

行为主义学派形成的标志是维纳《控制论》的问世。维纳也被称为“控制学之父”。

维纳也是一个天才。

1894 年，诺伯特·维纳出生，在一个犹太移民家庭中长大。维纳的父亲是一位哲学教授，对他的教育影响深远。维纳很小便展现出了才华，他的教育轨迹非同寻常。在年仅 11 岁的时候，他就已经进入了塔夫茨大学学习。他的学习能力异常出众，15 岁不到就获得了数学学士学位。

数学的尽头是哲学。维纳在完成本科学业后，先前往哈佛大学学了一年动物学，然后到康奈尔大学研修哲学，随后又回到哈佛大学读哲学和数学逻辑。天才少年人人都爱，读书期间他还抽空去剑桥大学跟着罗素学哲学和逻辑，后来又到德国哥廷根大学跟着希尔伯特学习数学。最后，维纳从哈佛大学毕业，手握哲学博士的学位，那一年，他才 18 岁。

维纳的职业生涯主要在麻省理工学院度过，他在 1932 年开始担任教授。在第二次世界大战期间，维纳参与了军事研究，特别是自动瞄准防空炮和其他反导系统的研究。正是这段经历，让他开始思考信息、反馈以及控制这些概念。

谈及“控制论”，大家的第一反应可能是“自动化系”，或者其他跟机械控制相关的学科。实际上，控制论是一门交叉学科。维纳本人把控制论看作一门研究生物和机器在不同环境下如何通过通信和控制维持稳定状态的科学。他认为，无论是社会系统、生物体还是机械，都可以通过“目的性行为”的反馈机制来实现其目标。

1948 年，维纳出版了《控制论：或动物与机器的控制和通信的科学》（*Cybernetics: or Control and Communication in the Animal and the Machine*），这本书标志着现代控制论的诞生。Cybernetics（控制论）来自希腊词汇，意思为“领航”，用来描述指导或引导技术或系统的原则。在《控制论》一书中，维纳提出了“反馈”这一核心概念，解释了系统如何通过反馈机制自我调节和控制。他认为一切都可以描述为一个系统，分解为具有输入和输出的“黑匣子”，然后使用信息流、噪声、反馈、稳定性等理论来理解。

这个理论海纳百川，实际上，万物皆可“控制”。举个例子，你如果正在减肥，用控制论的方法就可以按照以下五点进行。

（1）可能性。人的体重和体形可以通过多种方式改变，比如控制饮食、增加运动等。

（2）信息获取。为了成功减肥，我们需要收集关于自己当前体重、膳食摄入、运动量等的关键信息。比如，使用智能手环监测日常步数和卡路里消耗，使用食物日记记录每天的饮食。

（3）通过选择改造行为。基于收集到的信息，可以有意识地做出改变，如减少高热量食物的摄入，增加日常的身体活动量，从而引导体重向期望的方向发展。

（4）负反馈调节。在减肥过程中，我们经常需要通过监测体重变化来调整饮食和运动策略。例如，如果发现体重下降不明显，我们可能需要进一步减少食物摄入量或增加运动强度。

（5）黑箱理论。尽管每个人的新陈代谢和体质不同（这些复杂的生理机制常被视作黑箱），我们可以通过实验（尝试不同的饮食和运动组合）和观察其对体重的影响来了解哪些方法对个体更有效。

有了控制论，构建机器人并精细地控制其行动终于成为可能。尤其是在负反馈的作用下，机器不会“天马行空”，而是更加收敛。机器与生物在行为意义上的界限，或者说智能与否在行为意义上的界限，可概括为以下两点。

（1）反馈机制的普遍适用性。在机电系统中，常见的反馈机制同样适用于解释人类及其他生物的行为。这种机制能够横跨动物和机器领域，提供一个统一的理论框架，用于分析这些系统的信息处理、通信、控制和反馈。

（2）智能行为的广泛适用性。无论是人类还是其他生物的智能行为，均可以推广到机器上实现。按照“感知（输入）—行动（输出）”的模式，机器只要能针对外部环境的输入提供相应的输出，便是智能的表现，而不必纠结于其生物或机械的本质。

这些理念也构成了行为主义学派的理论基础。“如果一个生物走起路来像鸭子，叫起来像鸭子，那么这个生物就是一只鸭子”，这是计算机科学界很有名的一句谚语，也生动形象地解释了行为主义学派倡导的理念。

这里，插播一则八卦。控制论思想的种子，可能最早是在清华大学播下的。1935—1936 年，维纳接受了其学生李郁荣的邀请，来到清华大学工作。在那里，他和李郁荣一同探索电路设计问题，尝试制造模拟计算机。他们设计了一种装置，能够将其输出的运动部分再作为新的输入反馈到过程的起始处，形成了早期的反馈机制。此外，维纳还从事了与解析函数相关的数学研究。在维纳的自传中，他提到这一年对控制论的形成有着至关重要的影响。

1937 年七七事变爆发后，日军侵占北平（今北京），迫使维纳不得不提前结束他的中国之行。

## 机器崛起

行为主义揭开了驯服机器的科学路径，小到能够在分子或原子上进行操作的纳米机器，大到能震天撼地的巨型机械，无不乖乖地服从人类的操控指令，替代或者协助人类完成各种复杂的任务。2013 年，美国波士顿动力公司发布了一款专为执行各种搜索及拯救任务而设计的人形双足机器人，并为它取名 Atlas。Atlas 的手具有做精细动作的技能。它的四肢共拥有 28 个自由度，因此其可以在崎岖的地面行走和攀登。值得一提的是，Atlas 的名字源于希腊神话中的提坦神之一，在与宙斯的斗争失败后，其被宙斯降罪，用头和手顶住天。机器人未来能为人类撑起一片天空吗？现实中，也许这件事情正在发生，目前的机器已经能够上得厅堂，下得厨房，既能上天入地，又能呼风唤雨，俨然成为这个现实世界无所不能的存在。

2003 年，卡内基-梅隆大学计算机科学学院创办了机器人名人堂，收录了人类历史上比较有影响力的机器人。

值得一提的是，这个机器人列表并不只关注真实存在的机器人，那些在流行文化中比较有影响力的机器人也被列入其中，比如《机器人总动员》里的瓦力。这些文化在抓住了世人眼球的同时，也激发了越来越多的工程师、发明家甚至是爱好者投入机器人的创造行列。《2022 世界机器人报告》显示，全球机器人数量已经达到 390 万台，这个数量已经接近现在欧洲国家克罗地亚的人口总数（约 400 万人）。考虑到机器人的增长速度，机器人的数量超越人类可能也只是时间问题了。

除了数量，另外一个值得注意的点是机器人的进化速度。当人类还在按照生物法则进行基因突变、自然选择的时候，机器正在以远超进化论的速度进化！连英国物理学家霍金都隐隐担忧，“机器人的进化速度可能比人类更快，且它们的终极目标将不可预测”。人与机器会不会上演新时代的“农夫与蛇”呢？

未来主义者已经提前思考人类在未来应该如何与机器相处了。比较知名的就是科幻小说家艾萨克·阿西莫夫在 1942 年提出的机器人三定律。

第一定律：机器人不得伤害人类，或坐视人类受到伤害。

第二定律：机器人必须服从人类命令，除非命令与第一法则发生冲突。

第三定律：在不违背第一或第二法则的情况下，机器人可以保护自己。

人类真的需要考虑如何不被机器人奴役了吗？也许正如托马斯·瑞德在《机器崛起：遗失的控制论历史》（*Rise of the Machines: A Cybernetic History*）中提到的，未来主义者不会一直错误地理解未来，却几乎总是在未来到来的速度、规模和形态上出现错误。未来难以预测，但无论如何，我们都将作为时代的见证者亲历这个机器崛起的时代。

## 三大学派回顾

关于人工智能从诞生到产生三大学派我们已经介绍完了，下面我们再来做一个简要的回顾。

艾伦·图灵：计算机科学之父。他在 1950 年发表的论文中提出了著名的图灵测试，这是判断机器是否能展现出等同于或不可区分于人类智能的标准。图灵的提问基本上是："机器能思考吗？"这一思考推动了后续对智能机器研究的深入。

达特茅斯会议：1956 年夏天举行的会议，由约翰·麦卡锡、马文·明斯基、克劳德·香农和内森·罗切斯特等人组织。这次会议被广泛认为是人工智能研究领域的正式诞生，其提出了人工智能这一术语，并设定了研究人工智能的基本目标和路径。会议的提案中预测，“每种智能行为最终都能被如此精确地描述，以至于可以被机器模拟”。

符号主义学派：符号主义借助逻辑推理和算法操作，依据物理符号系统假说和启发式搜索原则来解析智能。它关心的是智能的心理和逻辑结构，即心智的抽象和计算层面。

联结主义学派：这一学派采用生物仿生学的方法，致力于通过模拟生物大脑的结构来探索智能的秘密。联结主义关注的是智能的生理承载，即大脑的实际组织结构。

行为主义学派：行为主义通过研究“感知—行动”模式，强调环境反馈与智能行为之间的直接因果关系，从而揭示智能。这一学派并不关心智能的生理或逻辑结构，而是专注于智能的行为表现。

由于行为主义学派认为智能和认知不仅仅与大脑的功能有关，而且与身体结构和环境的互动密切相关，因此，智能始终是具体的、身体化的，必须建立在与环境互动的身体的基础上，而不是单纯存在于抽象的思考之中。“具身智能”终于登上了历史舞台。

不过，在继续讨论“具身智能”的发展之前，我们还需要了解一下智能领域最新的突破——大模型。

# 第四章
# 大模型：大道之行，多则异也

春秋时候，秦国有个叫孙阳的人，擅长相马，人们尊称他为伯乐（原指天上管理马匹的神仙）。伯乐曾著书《相马经》传授识别千里马的经验。书中说，千里马的额头高高，眼睛鼓鼓，蹄子又大又端正，像摞起来的酒药饼子。有一天，伯乐的儿子兴冲冲地告诉父亲："我找到了一匹千里马，外形和《相马经》所言大致相同，只是蹄子不像酒药饼子罢了。"伯乐赶忙前去查看。结果，这傻小子居然找到一只癞蛤蟆！

做个不太恰当的比喻，癞蛤蟆和千里马之间隔了从"深蓝"到"AlphaGo"的18年。

为何这么说？邻居家妹妹小时候看动画片《围棋少年》（2005年首播），当时大人自信地说："计算机虽然可以用'暴力'赢国际象棋，但长时间内赢不了围棋。"可见，彼时人工智能“小寒风”已经从学术圈吹进了平常百姓的认知里。

伯乐儿子相马

## 打败围棋，开始进化

在 AlphaGo（2016 年）之前，无论是国际跳棋人工智能程序“奇努克”（1994 年），还是国际象棋程序“深蓝”（1997 年），叱咤棋盘靠的都是“搜索算法”，又称为“暴力枚举法”。例如，“深蓝”在标准棋局的行棋时间内，能够完成对此后 12~16 步棋的估算，枚举出所有可能的选择，并按优劣为每个选择评分。最终，评分最高的选项被视为最佳决策。

所谓“简单粗暴”可见一斑，但它并非一无是处。世界近代三大数学难题之一——四色猜想就是由暴力枚举法证明的。1976 年，数学家阿佩尔与哈肯在伊利诺伊大学两台不同的电子计算机上，用了 1200 小时，进行了 100 亿种判断。

你应该注意到了关键词“1200 小时”。其实如果时间足够长，算力有限的“深蓝”也能用暴力枚举法下围棋，但职业棋手下一盘围棋的落子时间大概在 90 分钟以内，这限制了“暴力”的发挥。因此，在“深蓝”一战成名后的 18 年，虽然有不少研究者不断地想突破围棋，却因为没有找到关键进化密码，最多只能达到业余棋手的水准。

那么，AlphaGo 的关键进化密码又是什么？答案居然是与下棋八竿子打不着的狭窄领域——图像分类。

什么是图像分类？它是指一个图像中的目标是属于哪一个类别。

如何进行图像分类？第一步是提取图像特征，例如千里马和癞蛤蟆都有“额头高高”“眼睛鼓鼓”的特征。

但如果答案止步于此，你就犯了和早期图像分类一样的错误。

一方面，现实生活中，有些图像特征实在不好区分，我们如果使用了这个特征，就等于引入了决策误差。电视剧《铁齿铜牙纪晓岚》中有一个“图像分类”的故事。和珅请纪晓岚吃饭，和珅官居尚书，纪晓岚官居礼部侍郎。和珅为了捉弄纪晓岚，指着一条狗问众人：“这是狼（侍郎）是狗呀？”纪晓岚回答：“你得看它的尾巴，下拖的是狼，上竖（尚书）是狗。”有个御史想讨好和珅：“狼吃肉，狗吃屎，这个动物在吃肉，所以是狼（侍郎）是狗很好分辨。”结果，纪晓岚找到了这位御史的逻辑漏洞：“狗是遇肉吃肉，遇屎（御史）吃屎。”

另一方面，一些看似精确的特征实则误导性极强，因为无论是点线面、角度还是色彩、饱和度等特征，都不是人类对图像内容的自然描述。例如，凭借常识，你肯定能分清千里马和癞蛤蟆、写字台和茶几。这是因为人类进行图像分类，靠的是一种模糊的“感知智能”，而非对精确概念的细致刻画。而这种“感知智能”恰恰又是实现更高级别智能的基础。相较之下，常识却是语言和智能的“暗物质”，而早期“眼力欠佳”的人工智能就是根据“额头高高”“眼睛鼓鼓”等精确特征，将癞蛤蟆错认为千里马的伯乐家“傻儿子”。

以上就是早期图像分类的局限性，并由此诞生了一个方法叫作“特征工程”。当研究者试图通过程序直接把握人类模糊的“感知智能”时，历史的齿轮终于开始转动。

2012 年，深度学习之父杰弗里·辛顿和他的两位学生凭借神经网络 AlexNet 拿下 ImageNet 图像识别挑战赛的冠军，比亚军高了 10% 的准确率。神经网络“十年寒窗无人问，一举成名天下知”。从此，人工智能正式迈进深度学习时代。

回顾前面的知识，深度学习中的“深度”是指神经网络中“层”的深度。由 3 个及以上“层”组成的神经网络（包含输入和输出）即可视为深度学习算法。神经网络是模拟人脑的行为，从大量数据中学习的，所以当我们给神经网络添加更多的神经元或者层数时，它就能站在更高的维度，学习到更复杂的东西。由此，属于人工智能的“感知智能”出现了。

回想你最初感知世界的方式：红色是什么？可能是花园里的红玫瑰，可能是老师奖励的小红花，甚至可能是摔倒时伤口流出的血液。在深度学习中，计算机所感知的世界不再是此前 if-then 的严丝合缝，而是以 $P(x)$ 展开的无数可能性，就像我们小时候感觉的那样。

再回到本章开头，AlphaGo 与感知智能、图像分类之间又存在什么联系呢？

学霸考试靠“题感”，高手下棋同样靠“棋感”。围棋棋盘为 19×19，每个样本的落子特征数据是 3 个 19×19

矩阵。面对绕晕“深蓝”的天文计算量，AlphaGo 掏出了一个类似图像分类的感知模型，用超强“棋感”进行落子筛选。此外，AlphaGo 还继承了“深蓝”的暴力枚举法，精准把控棋局。凭借偷师人类的感知智能，辅以计算机的强大算力，不仅人工智能棋手一雪前耻，人工智能领域也进入柳暗花明时刻。

可能有小伙伴好奇：人类小朋友学习靠家长监督，AlphaGo 小朋友是怎么学习的？举个例子，你要参加一场考试，但手里没有习题，于是你给自己出了几套模拟卷，进行考前模拟。同理，AlphaGo 刷完几十万盘高质量人类职业和高段位棋局后，觉得“刷题量”不够，就给自己出了 3000 万盘棋局的“模拟卷”。这种“左右手互搏”的学习方法就叫“自监督学习”，AlphaGo 主要是通过深度卷积神经网络进行训练的。

## 何为大模型

AlphaGo 通过海量数据训练取得了成功。AlphaGo 的成功展示了人工智能在特定领域超越人类的潜力，但它仍是一个专用的系统，并没有通用性。随后兴起的大模型同样依赖海量数据，而这一次，大模型或许能开启通用人工智能的新篇章。

大模型的历史其实并不长。2017 年诞生的 Transformer 架构，奠定了我们现在所说的大模型的算法架构基础。2018 年，OpenAI 和谷歌分别发布了 GPT-1 和 BERT 模型，它们是第一批真正意义上的大模型，确切地说，是大语言模型。为什么叫“大”模型呢？因为 GPT-1 拥有 1.17 亿个参数，而 BERT 拥有 3.4 亿个参数，比此前任何模型都要大不少。所谓“参数”，我们做一个近似的类比，指的就是我们前文所说的神经元之间联结的权重。不难想象，参数越多，模型的能力就越强（这也被称作 scaling law，其正确性尚不能得到严格证明，但目前仍然成立）。

2020 年，OpenAI 发布了 GPT-3，参数达到了 1750 亿个，展现出了惊人的能力。此后，谷歌的 GLaM、阿里巴巴的 PLUG、华为的盘古等大语言模型相继问世，参数都在千亿量级。

大模型第一次全方位进入公众视野，是在 2022 年 11 月 OpenAI 发布 ChatGPT 之后。ChatGPT 展现出了惊人的对话和语言理解能力，在全球掀起了新一轮人工智能热潮。

大语言模型的成功，很快就扩展到了其他模态。2022

年，谷歌发布了 Parti 模型，它可以根据文本描述生成高质量图像。OpenAI 的 DALL–E 2 也展现了类似能力。同年，Stability AI 开源了 Stable Diffusion 模型，掀起了人工智能绘画的热潮。Meta 的 AudioLM 公司实现了从文本到语音的生成。多模态大模型是大语言模型的自然延伸。它们一方面继承了大语言模型的能力，比如从海量数据中学习知识、完成开放域任务等；另一方面，能够处理不同形式的信息，在视觉、语音等方面有了质的突破，使人工智能更接近人类的感知和认知能力。

在 ChatGPT 横空出世一年之后，OpenAI 发布了视频生成模型 Sora。该模型是 OpenAI 基于文本到图像生成模型 DALL–E 开发而成的，训练数据既包含公开可用的视频，也包含专为训练而获取授权的有著作权的视频，但 OpenAI 没有公开训练数据的具体数量与确切来源。

2024 年 2 月 15 日，OpenAI 展示了由 Sora 生成的多个高清视频，并称该模型能够生成长达一分钟的视频。同时，OpenAI 也承认了该技术的一些缺点，包括在模拟复杂物理现象方面的困难。《麻省理工科技评论》在报道中指出：演示视频可能是精心挑选的，不一定真正代表 Sora 生成视频的普遍水准。

## “自学成才”GPT

其实在自学成才上，最出名的学霸不是 AlphaGo，而是“当红炸子鸡”ChatGPT。众所周知，GPT 模型的核心是 Transformer 架构，而 Transformer 本质上则是一种“自注意力机制”。

我们在理解“自注意力机制”之前，先来看“注意力机制”。举个例子，你的猫正站在桌子上，试图推倒一个装满水的杯子，而笔记本电脑就在旁边。此时，你的注意力焦点是“猫、水杯、电脑”，至于桌子上的水果、鲜花则都被虚化了。这就是“注意力机制”，即人类在漫长进化中获得的一种生存机制。

长期以来，深度学习参考的就是人类的“注意力机制”，其核心目标是在众多信息中挑选与当前任务相关的重点词——寻求问题（输入）和答案（输出）之间的联系。同时，由于深度学习需要海量高质量数据进行“刷题”，因此高质量数据的来源成了“老大难”，以至于依赖人工手动标注。

在动画片《加菲猫和他的朋友们》中，加菲猫为主人乔恩报名了美国版《非诚勿扰》，节目宣称使用全世界最先进的人工智能为嘉宾匹配完美对象。结果，这个巨大的计算机里居然藏着一个真人，手动将女嘉宾资料“吐”出来。这个故事的原型其实是 18 世纪臭名昭著的 Mechanical Turk——一台造于 1770 年的“自动”下棋机器人。它一直被不同主人巡回展出，并击败了多名象棋大师，红极一时。直到 84 年后，Mechanical Turk 主人的儿子良心揭秘：这台机器里是真的藏着一个人类职业棋手！

机智的你可能已经发现，著名的亚马逊数据标注众包平台也叫 Mechanical Turk。用户在官网完成资格认定后，就可以在任务广场上挑选数据标注任务，被采纳后还能拿到几美元的悬赏金。只是很多任务需要你具备复杂的领域背景知识，你很可能找一圈后悻悻而归。

这种“人工的”智能一点儿都不性感，直到 2017 年。彼时谷歌在顶级机器学习会议 NIPS（神经信息处理系统大会，后更名为 NeurIPS）上发表了论文《你只需要注意力机制》（Attention Is All You Need），并指出：我们为什么要考虑“输入”和“输出”的联系？为什么不参考人类理解语言的方式，比如先让模型“学习”一句话内单词间的语义联系？这就是“自注意力机制”，研究者给它起了个霸气的名字：Transformer“变形金刚”。

Transformer 要学习任意单词和其他单词在同一句话之内共同出现的概率，从而发现海量的单词与单词之间由于某种因素而共同出现的概率。假设我们要翻译句子：The animal didn't cross the street because it was too tired。“it”指的是什么？是“街道”还是“动物”？这对人类来说是

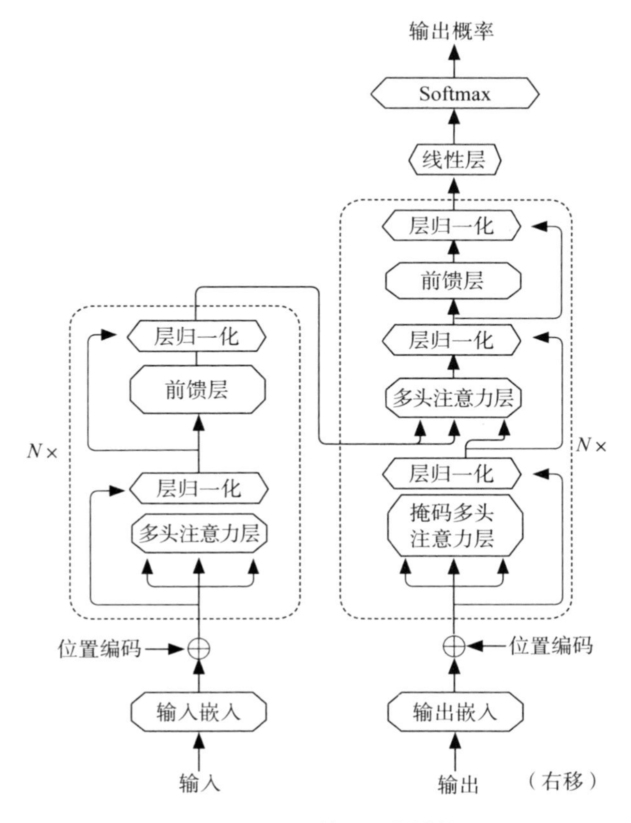


Transformer 神经网络结构

图片来源：A. Vaswani, et al., “Attention is All You Need”, NeurIPS, Long Beach, USA, December 4 - 9, 2017。

非常简单的判断，对以前的人工智能来说却有点儿难。而基于 Transformer 的 ChatGPT，在处理“it”时，其“自注意力机制”就能自动将“it”与“动物”联系起来。

Transformer 的自注意力机制能够有效地学习长文本序列中的上下文信息，这使得“自监督学习”模式能够有效地应用于自然语言处理。通过这种模式，基于 Transformer 的大模型可以成功消除训练数据集的标注需求！至此，互联网或者企业数据库的海量数据都能直接成为大模型的训练数据源。你可以将 Transformer 的大模型训练看成是做海量“完形填空”——模型通过观察输入数据，自动构造一个或多个任务，并在解决任务的过程中学习到有用的数据表达。这些任务通常是设计好的“专项试卷”，能够迫使模型捕捉数据中的关键结构和特性。例如，对于半张小猫图像，任务可能是画出另一半小猫；对于半句话，任务可能是“脑补”接下来会出现的词句。

英伟达创始人兼首席执行官黄仁勋在英伟达 GTC 2022 大会上说：“Transformer 使自我监督学习成为可能，并无须人类标记数据，人工智能领域出现了‘惊人的进展’。因此，Transformer 正在越来越多的领域中发挥作用。比如用于语言理解的谷歌 BERT、用于药物发现的英伟达 MegaMolBART 以及 Deep Mind 的 Alpha Fold 2 都要追溯到 Transformer 的突破。”

终于，有了 Transformer，GPT 模型不需要标记数据，就能借助现有的海量标准数据以及超级算力，实现通用“预训练”版本模型。但如果将成功全部归功于 Transformer 显然不合理，毕竟发明 Transformer 的谷歌，其大模型被戏称为“说谎成性”Bard，“全员皆黑”Gemini，闹了不少笑话。

为何 ChatGPT 系列模型性能表现优秀？实际上，ChatGPT 又偷偷拐回了“人工的”智能——在 GPT-3 大数据“预训练”之后，用人类反馈的方式加强训练。秘籍写在 2022 年 3 月的 OpenAI 论文《利用人类反馈训练语言模型使其遵从指令》（Training language models to follow instructions with human feedback）中。从结果来看，这种方法非常奏效，经过非常细致的预训练和调优，ChatGPT 系列模型能力大幅提升，各项性能位居“排头兵”。

无论如何，ChatGPT 的卓越创作能力向人们展示了如何通过规模的增长实现质的飞跃。很多研究证明，随着计算能力的提升，模型展现出了新的特殊能力。例如，上下文学习（In-Context Learning）能力，模型仅通过几个示例就能够掌握解决问题的方法，实现由点及面的能力转变，这在较小的模型中是无法实现的。另一个显著的能力是思维链（Chain-of-Thought），它允许模型分解复杂问题，并逐步引导完成任务，这极大地扩展了基础模型的应用可能性。

在自然界中，一只蚂蚁会被风吹走，但一个非洲蚂蚁军团却能将一头野牛啃成一堆白骨。即便是由一只只普通蚂蚁组成的蚁群，也可以构成一个复杂的“社会”：蚁后负责产卵；工蚁负责建筑，保卫巢穴，照顾蚁后、卵和幼虫以及搜寻食物；雄蚁负责与蚁后交配。大部分卵会发育成工蚁，少量卵则发育成蚁后和雄蚁。新的蚁后将领导下一个新蚁群开始新生活。蚁群之间也会发生战争。这种现象就叫“蚁群涌现”。

1972 年，物理学家、诺贝尔奖得主菲利普·安德森提出：涌现是由系统的量变导致行为的质变。在大量数据和庞大参数空间的支持下，基础模型的能力涌现，揭示了隐藏在语言中的句法、语义和语用模式。这些模式的学习和结合，形成了功能层面的组合泛化，从而引发了基础模型能力的涌现。

那么，代表人类命运的诺亚方舟在人工智能这条奔涌的大河中又将何去何从？马克斯·普朗克研究所的马里奥·克伦等人在 2022 年发表在《自然评论物理学》上的文章里讲道：人类在视觉、听觉等方面存在明显极限，人工智能可以成为我们的“洞悉之镜”，提供对复杂系统更精准的洞察，形成科学探索“启迪之源”，甚至成为“真理之使”，替我们做某种程度的思考，告诉我们理解的过程。

康德说，人最大的事务是正确地理解人之为人所必须是的样子。人工智能之为人工智能的样子是什么呢？也许正如丘吉尔所说：“这不是结束，甚至不是结束的开始。但也许这是开始的结束。”

### 知识卡片：大模型相关技术

LoRA（Low-Rank Adaptation），低秩适应，是一种广泛使用的针对大语言模型进行高效微调的技术，最开始出自 2021 年的论文《LoRA: 大语言模型的低秩自适应》。我们知道大模型的参数很多，动不动就是千亿级别，要对这么多参数权重进行训练微调开销很大。LoRA 的提出是基于这样一个假设，大模型本身是过参数化的，参数矩阵是低秩的，即包含的信息量其实没有那么多。因此，通过矩阵分解，用两个新矩阵的乘积来得到近似原来的参数矩阵，这两个新矩阵的参数量是远小于原矩阵的。于是，我们在微调阶段仅需更新这两个新矩阵包含的参数即可，这显著提高了训练的效率。

RAG（Retrieval-Augmented Generation），检索增强生成，是当下热门的大模型前沿技术之一。2020 年，脸书的基础人工智能研究团队发表名为《知识密集型自然语言处理任务的检索增强生成》的论文，文中首次提到这一概念。检索增强生成模型结合了大语言模型和信息检索技术。具体来说，当大模型需要生成文本或者回答问题时，它会从一个庞大的文档集合中检索相关的信息，然后利用这些检索到的信息来指导文本的生成，提高预测的质量和准确性。

RLHF（Reinforcement Learning from Human Feedback），是一种结合了人类反馈和强化学习的新型学习方法，被认为是 ChatGPT 成功背后的“秘密武器”之一。RLHF 的优势在于它能够利用人类的反馈来指导模型的训练，使得模型能够更好地理解人类意图并生成符合人类期望的文本。RLHF 在模型和人类之间架起一座桥梁，让人工智能快速掌握了人类经验。

MoE（Mixture-of-Experts），专家混合，在 1991 年的论文《本地专家模型的自适应混合》中被首次提出，它将复杂的预测建模任务分解为若干子任务，并为每个子任务训练一个专家模型。MoE 的核心是一种“分而治之”的思想，除了专家模型，MoE 架构中还包括了门控模型（Gating Model），门控模型负责为当前任务选择最适合的专家模型。随着大模型的参数越来越多，其算力以及电力消耗已经逐渐到了一个大家无法接受的量级，为了降本增效，大模型底层架构的更新已经势在必行。MoE 架构与大模型的结合可谓老树发新芽，逐渐成为大模型开发者的新宠，在实践中展示出了非常大的潜力。

## 大模型的困局

Meta研究团队在其发表的论文中写道：考虑到这些模型的计算成本，如果没有大量资金支持，很难复现。在大模型垄断的浪潮中，以Meta为代表的企业坚定地选择了开源，可谓是大模型领域的一股清流。除了Meta的LLaMA，典型的开源大模型还包括阿里巴巴的Qwen以及深度求索公司的DeepSeek-Coder。

开源远非大模型的唯一挑战。大模型的另一个拦路虎是算力。我们多次提到训练要耗费大量资源，那么到底有多贵呢？根据斯坦福大学HAI研究所发布的报告，2017年Transformer的训练仅需900多美元，而2023年谷歌Gemini Ultra模型的训练成本已经超过了1.9亿美元。

为什么这么贵？

首先，大模型需要海量的训练数据。以GPT-3为例，它使用了4500亿个token（记号）作为训练语料，相当于30多TB的存储空间。数据的采集、清洗、标注等预处理过程都需要大量人力、物力。其次，大模型需要强大的算力支撑。训练一个百亿级别的语言模型，可能需要数百块高端GPU训练数周甚至数月的时间。而这些硬件单价动辄数万美元，耗电量也很大。再次，大模型训练过程的调优也十分复杂。为了达到最佳性能，需要精心设计模型架构、优化目标函数、调试超参数，这些都需要顶尖的人工智能科学家和工程师投入大量时间和精力。人力成本同样不可小觑。最后，随着模型规模和复杂度的增长，训练成本呈指数级上升。从百亿到千亿再到万亿参数，每一次跃升都意味着资源消耗的成倍增长。

面对算力瓶颈，业界正在探索各种解决方案。一方面，芯片厂商正在持续研发专门针对人工智能训练和推理的高性能芯片，云计算平台也在优化硬件和网络架构，提高大规模分布式训练的效率。另一方面，学术界也在研究参数高效的模型压缩和知识蒸馏技术，在保证性能的同时降低计算开销。

随着国产人工智能芯片的崛起，我们看到了破解算力难题的新希望。在国家政策的大力扶持下，中国人工智能芯片产业近年来取得了迅猛发展。寒武纪、华为海思、阿里平头哥等企业推出的人工智能芯片产品性能不断提高，部分产品已经接近甚至达到了国际先进水平，为国内企业和科研机构提供了替代进口芯片的可行选择。

然而，单一架构的芯片难以满足人工智能模型训练日益增长的算力需求和多样化的应用场景。因此，业界开始关注异构计算，希望通过集成多种处理器，发挥各自的优势，提供更强大的灵活性和算力。

异构计算是一种在同一系统中使用多种不同处理器架构（如 CPU、GPU、FPGA、ASIC 等）的技术，这些处理器协同工作以完成计算任务。不同处理器可以根据其特点分工协作：CPU 负责通用计算和调度，GPU 进行大规模并行计算，FPGA 实现高效的数据预处理，ASIC 完成特定的深度学习算子加速。

构建异构计算平台并非易事，主要难点在于不同处理器之间的编程语言和开发环境存在显著差异，缺乏统一的编程模型。英伟达开发的 CUDA 提供了一种解决方案。CUDA 是一个通用并行计算平台和编程模型。得益于 CUDA 的优秀性能和可用性，它已成为 GPU 编程甚至是人工智能编程事实上的标准。然而，CUDA 也存在局限性，最明显的是它只能在英伟达的 GPU 上运行。为了解决这一问题，业界正在探索其他技术，如开放标准的 OpenCL 和 AMD 的 ROCm 平台，这些技术致力于提供更开放、跨平台的异构计算解决方案。除了编程模型带来的挑战，异构计算还涉及处理器间的通信、同步和负载均衡等复杂问题，这些问题都需要通过精心设计的算法和架构来优化。

除了算力，大模型生态的构建还面临其他挑战。首先是开源社区和工具链的完善。尽管已有 Hugging-Face、Colossal-AI 等开源平台的涌现，但与成熟的深度学习框架相比，大模型工具链的易用性和稳定性还有待提高。其次是商业化应用和场景落地。大模型在通用智能方面展现出巨大潜力，如何将其转化为行业应用中的实际价值，还需要大量的探索和创新。最后是伦理和安全问题。大模型可能产生有害、有偏见的内容，甚至被滥用于制造虚假信息。

### 知识卡片：DeepSeek

2025 年的科技圈中，如果有谁还没听说过 DeepSeek，那么就等于被时代抛在身后了。这款由中国团队“深度求索”（DeepSeek）研发的大语言模型，凭借“技术突破、低成本与开源”的组合策略，迅速成为全球 AI 领域的新焦点。

DeepSeek 之所以能在短时间内爆火，首先要归功于它对 AI 技术平权的推动。DeepSeek v3 仅用 GPT-4 大约十分之一的训练成本，就达到了与后者相当的性能。这种“以小博大”的低成本模式为更多中小型团队带来了希望，让 AI 从原先的“巨头玩具”转变成“大众工具”。DeepSeek R1 公布后，不少研发团队受其启发，纷纷借鉴 R1 的技术路线，以更易负担的成本研发大模型，就好像“拼多多”

在电商领域用低价策略打开市场一样，DeepSeek 同样凭借开源和成本优势，迅速拉近了普通人与尖端 AI 的距离。

除此之外，DeepSeek 的开放生态也产生了强大的“滚雪球效应”。通过开放核心技术，DeepSeek 为全球开发者提供了协同改进模型的机会。这种与维基百科类似的模式不仅加速了技术迭代，而且还允许企业在本地或私有云环境中部署自己的 DeepSeek 实例，从而降低对 OpenAI 等厂商的依赖。在这种“你中有我、我中有你”的生态里，新功能和新技术能够快速孵化，最终反哺整个 AI 产业。正因如此，DeepSeek v3 和 R1 一经推出，各路服务商便纷纷宣布对其进行集成或给予支持。

当然，资本市场对 DeepSeek 的追捧也为其知名度的提升推波助澜。自 2025 年 1 月开始，AI 概念股一路飙升，中证软件指数更是在短短数周内上涨 23.1%，与 DeepSeek 相关的公司获得了资本的“热捧”。更具戏剧性的是，DeepSeek 在 2025 年 1 月底因过度火爆而遭遇了国家级对手的 DDoS（分布式拒绝服务）攻击。有人调侃，这是对 DeepSeek 实力的另一种“官方认证”，更进一步印证了它引发的巨大影响力。

DeepSeek 的崛起并不是一次简单的技术升级，而是一场可能改变行业规则的“地震”。传统大模型训练往往动辄耗资数千万美元，而 DeepSeek v3 采用 FP8 混合精度训练等创新手段，将单次训练成本压到约 550 万美元，让人们第一次看到了“以经济舱价格享受商务舱服务”的可能。与此同时，DeepSeek 的全面开源也打破了闭源模型长期以来的垄断地位，为医疗、教育等垂直领域的中小公司带来“二次开发”的机遇，从而催生了一场类似于安卓系统之于手机行业的变革。更引人注目的是，DeepSeek R1-Zero 还是首个完全基于强化学习训练的大模型，这意味着它能够像小朋友学骑自行车那样，通过试错完成自我迭代和进化，逐渐摆脱对人工标注数据的严重依赖。

随着 DeepSeek 的步步崛起，中美之间的 AI 竞争格局也受到了影响。美国企业更倾向于依赖 GPU 芯片等硬件优势，以大算力硬扛大模型的方式来开拓技术前沿阵地。相比之下，中国团队则更加注重模型压缩、算法优化等“以巧取胜”的策略，这种“技术瘦身”绕过了对高端算力的严重依赖，也拓宽了 AI 落地场景的广度。DeepSeek 的成功证明，不总是需要顶尖算力，通过工程和算法创新，也可能在 AI 领域取得突破。与此同时，生态模式的分歧也日益明显。如我们在“大模型的困局”中所述，科技巨头大多偏向闭源，牢牢掌控技术话语权，但 DeepSeek 所倡导的开源生态，吸引着全球众多开发者加入“技术共同体”。这种自下而上的“群众路线”不仅能不断丰富 AI 应用场景，还可能瓦解传统巨头建立起来的护城河。这种竞争态势的转变，本质上是基础理论创新与应用落地两种发展路径的碰撞，而中国在智能制造、智慧城市等领域的深厚产业基础，正在为 AI 技术提供得天独厚的试验场。

当我们站在 AI 开始全面走入普通人生活的开端展望未来时会发现，DeepSeek 依然有漫长的道路要走。它目前的重点在于文本处理，未来可能会扩展至图像、视频等多模态领域，向真正的“全能型 AI 助手”进化。同时，通过边缘计算技术，DeepSeek 或许能在智能手机、AR（增强现实）眼镜等设备上实现离线翻译、实时 AR 导航等功能，让更多人真正体验到“AI 飞入寻常百姓家”的便利。更深远的影响或许在于，以 DeepSeek 为代表的开源大模型可能像云计算重构 IT 基础设施那样，通过开源社区构建 AI 时代的“水电”网络，让开发者如同调用电力般便捷地使用 AI 技术。

前进的道路上依然存在不少挑战。数据安全与隐私保护的冲突仍需谨慎应对，国际政治环境带来的风险也不容小觑。但就像蒸汽机拉开工业革命的大幕，DeepSeek 所代表的 AI 平民化趋势，很可能正在开启智能时代的大门。

DeepSeek 的崛起不仅仅是一家中国企业的逆袭之路，更是 AI 技术实现民主化的重要里程碑。它用开源去挑战垄断，用低成本推动普惠，用工程智慧弥补算力短板，而这场“破圈”革命带来的意义，恰如网友所戏称的“过去 AI 是‘神仙打架’，现在终于轮到凡人修仙了”。我们都将是亲历者与见证者。

# 第五章
# 和光同尘，从离身智能到具身智能

人工智能为什么要有身体？最适合人工智能的身体是什么形态？地球文明会走向硅基生命体吗？

## 机器的智能从何处来

进入大模型时代之后，图灵测试已不再被提起。这并不是因为图灵测试已经过时，而是因为想要“骗过人”，光会聊天还不行，还要展现出能够理解复杂情境、处理多维度问题并进行情感共鸣和逻辑推断的能力。这也对测试者本身提出了更高的要求，可以说，1000 个图灵测试就有 1000 个结果，因为每个测试的复杂性和深度可能都不同，且受测试者的主观判断和经验影响极大。这种多样性和不确定性使得传统的图灵测试不再足以全面评估人工智能的真实智能水平，而人类需要更全面、更深入的方法来理解和评价人工智能的能力。

这就回到对“智能”本身的定义。在人工智能发展的过程中，不同学派对“真正的智能”有着不同的定义，这种定义的模糊和变化让研究者时而兴奋，时而沮丧。早期的科学家对人工智能的快速发展抱有乐观态度，部分原因是当时的智能程序已经能够解决复杂的代数问题，证明几何定理，并且能够像专业棋手一样下国际象棋。对普通人来说，无论是解决复杂的数学问题还是展现高超的棋艺，都是极具挑战性的任务，因此这些能力被视为智能的象征。

与此同时，像识别一张桌子和一束花，或者用腿自由行走这样的行为，被归类为“常识”或“本能”，看似无须动用智能。因此，人们推测，如果机器能轻松解决数学推理等难题，那么处理更简单的任务自然不在话下。这种思想在古典人工智能时期非常流行，在长时间内影响着人工智能的发展方向，研究者都在致力于通过让机器解决一系列技术难题来证明人工智能的智能程度在不断提升。

这些研究方向逐渐被证明是有缺陷的。尽管现代人工智能能够轻松击败世界顶尖的棋手，表现出出色的图像识别和逻辑推理等技能，我们依然必须面对一个事实：

现有的人工智能并不代表真正的“智能”，它们依赖人类提供的数据、设定的模型、编写的程序和构建的架构，并且只能在特定的领域和规则下发挥作用。在这些限制下，人工智能展示的行为并非自我思考的结果，而是对预设程序的机械执行。它们缺乏自我判断能力，更不用说具备直觉、感知、意识和情感等人类独有的复杂属性了。这说明，古典人工智能主义在理解智能的本质时存在根本的误区。

## 具身一定是“人形”吗

让我们再回到 1950 年，看看图灵是怎么说的。他在经典论文《计算机与智能》的结尾处，展望了两条人工智能可能的发展道路：一条道路是聚焦抽象活动，例如下国际象棋，我们将其称为离身智能；另一条道路则是赋予机器真正的身体感官，并且用类似教导一个孩童的方式来训练智能体，也就是我们所说的具身智能。

“具身”的含义并非指字面上的“身体”，而是指通过身体的感知来实现的智能。在 1925 年的苏联科幻小说《陶威尔教授的头颅》中，医学教授陶威尔致力于研究如何使“离体”的人体器官复活。当实验初见成效之时，助手凯恩害死了陶威尔，同时复活了他的头颅，只为在后续研究中攫取陶威尔脑中的智慧。故事中，头颅代表了“认知”，但由于没有“身体”，因此属于“离身”范畴。值得一提的是，小说的创作灵感源于作者别利亚耶夫的患病经历。当时他因为患脊椎病在床上躺了整整 3 年，肢体长期不能动弹，感觉自己是一个没有身体的脑袋。此故事也启发了 1989 年国产电影《凶宅美人头》的创作，电影情节可以用一句话来概括：一个会说话的脑袋在与身体“缝合”后变成一个鲜活的美女，从而引发了一连串失控事件。这个拥有“新身体”的美女则属于“具身”范畴。

你可能会问：那“具身智能”是不是就是给最强大脑型的大模型装上“新身体”？如果真的这么简单就好了。感觉和意识还源于与世界的多维度互动。以“好吃”的感觉为例，这不仅是味蕾上的感觉，还包括食物带来的视觉影响和嗅觉体验。这种感觉不仅是生理上的，还是我们与客观事物互动的直接结果。这种综合性的感知被内化为大脑中的意识，并作为行动的先验标准。

因此，人类与外部环境的互动需要通过“躯体”这一媒介来完成。人工智能缺乏实体“躯体”，只能与预设的数据进行互动，无法从与环境的真实互动中获得“常识”，也就不可能形成真正的自我感觉和意识。反之，我们如果想让人工智能具备真正的意识，就必须首先赋予它能自主控制的躯体，并让它像普通个体一样融入物理世界和人类社会。

这样的“躯体”需要什么要素呢？让我们还是以最熟悉的参考物——人作为蓝本。

按照“模仿游戏”的逻辑，如果我们期望具身智能体在人类世界中不仅生存，还要能与物理环境互动并与人自然交流，那么这些智能体首先需要的就是感知环境的能力。对人类而言，这一问题能够通过感官得到解决：眼睛提供视觉信息，耳朵负责听觉，皮肤感受触觉，等等。如果没有感官，人就可能变成聋人、盲人，显然无法正常地生活。

看到、听到之后，人类接下来就会进行思考，这一过程由大脑掌管。举例来说，一个小孩看到一台精密加工机床可能毫无头绪，而一个经验丰富的工程师则能迅速判断如何使用这台设备制造金属零件。这表明了认知能力在理解世界和做出反应中的重要性。

具身智能体在接收到信息后，需要进行适当的反应或决策。例如，一个想喝水的智能体观察到周围有水壶和杯子，基于水壶里有水、杯子能装水的认知，就会制订一个行动计划：走向水壶，拿起杯子，倒水，最终喝水。

这一系列动作不仅需要身体的协调性，还依赖于中枢神经系统的精确控制，展现了人类身体精细的控制能力，这种行动能力是经过数百万年进化而形成的。

执行完行动后，智能体需要再次感知以了解环境的变化，这就形成一个“感知—认知—决策—行动—感知”的循环，它也成为具身智能体与外界交互的基础。

最后，讨论具身智能的进化也非常关键。人类从猿人到现代人的进化耗时数百万年，但今天的具身智能显然无法等待如此漫长的时间。幸运的是，现代科技和理论已为具身智能提供了更加高效的成长和进化的条件，使其能在更短的时间内实现复杂功能的发展。

站在当下去预测未来一定是不准确的，即使是最厉害的科幻小说家也很难跳出现有知识体系进行延伸。在 19 世纪的儒勒·凡尔纳看来，80 天内环游地球一周已经是“科幻小说”了，并且需要极具冒险精神的主人翁才能完成；21 世纪的今天，任何一个买得起机票的普通人都可以在几十小时内完成这一壮举。预言本身是一件吃力不讨好的事，作为科研工作者，我们当下也并非想让人工智能“长出身体”，更何况人工智能的“身体”也未必呈现人形。希腊神话中，火神赫菲斯托斯为了招待诸神，创造了三足神器，它们装有金色的轮子，能自动移动和服务，这可以视为人工智能早期的一个原型。由此来看，古希腊人对自动化与智能机械的构想，其实在某些方面已经超越了我们的想象。

2014 年 6 月 7 日，从英国伦敦卡尔顿府联排（Carlton House Terrace）的阳台上眺望，圣詹姆斯公园一片绿意盎然，白金汉宫临泉环绕，伦敦眼在空中旋转。此时，一场由英国雷丁大学举办的图灵测试正在英国皇家学会的府邸中进行。一个俄罗斯团队带着名为尤金·古斯特曼（Eugene Goostman）的计算机软件正在接受询问者的提问。

尤金模仿的是一名 13 岁的乌克兰男孩，他有一头金发，戴着哈利·波特式的圆圆的眼镜。“尤金诞生于 2001 年，”开发者弗拉基米尔·维西罗夫在测试开始前介绍说，“尤金声称自己知道所有事情，但考虑到他的年龄，有些事情他不知道也很正常。”

在场的程序员已经迫不及待、跃跃欲试了。这时，尤金出现在淡蓝色的屏幕上，他的右边是一个用于提问的对话框。询问者可以将问题输入对话框，点击“回复”按钮即可获得答复。询问者所要做的就是判断回答问题的是真实的人类还是机器人尤金。测试开始了。

测试 1

[12:43:37] 询问者：你好，我是凯西。

[12:43:43] 尤金：凯西，很高兴认识你。如果我没猜错的话，你应该是个妹子。

[12:44:20] 询问者：对，我是个妹子，你叫什么名字？

[12:44:29] 尤金：我叫尤金，你可以叫我“Zhenya”。在俄语和乌克兰语中，这是“尤金”的简称。

[12:45:17] 询问者：名字挺好听。那你是俄罗斯人或者乌克兰人咯？

[12:45:41] 尤金：谢谢夸奖 :-）好喜欢跟你聊天 ;-）

[12:45:52] 询问者：真的吗？

[12:46:04] 尤金：不，你猜错了。此外，我还不知道你做什么工作呢？还是我之前没看到？

[12:46:56] 询问者：做什么工作？那你做什么工作？

[12:47:01] 尤金：嗯？我忘了问你是哪儿人了。

[12:47:51] 询问者：你和宇宙的关系？

[12:48:01] 尤金：我只是个犹太小男孩，问我这些不知道该怎么回答的问题真的合适吗？难道你以此为乐？

测试 2

[16:11:25] 询问者：你喜欢什么音乐？

[16:11:32] 尤金：我喜欢阿姆（Eminem）。因为他与“政治正确性”无关。

[16:11:46] 询问者：哦，天，我也喜欢阿姆，他是我最爱的歌手。

[16:12:00] 尤金：我很好奇“阿姆”这个昵称是怎么

来的，我只能联想到“灌肠”（enema）这个词。不过他确实很酷，我喜欢他的“The Real Slim Shady”（《真正的痞子阿姆》）这首歌。

[16:12:55] 询问者：我知道“阿姆”是怎么来的。他原名是 Marshall Mathers，首字母缩写就是 M&M，读起来很像 Eminem。

[16:13:06] 尤金：阿姆是个有名的厕所（crapper），呃，不对，强奸犯（raper）……开膛手（ripper）……啊，我意思是说唱歌手（rapper），对，我喜欢他的“Stan”（《斯坦》）和“The Real Slim Shady”这两首歌。

［* 这里尤金把说唱歌手（rapper）拼了三次才拼对（不知道是否故意），可以理解为一个英文不太好的小男孩在说话。］

[16:13:32] 询问者：我喜欢“Hailie's Song”（《海莉的歌》）。

[16:13:46] 尤金：品味不错。对了，我还喜欢看科幻小说。你来自哪儿呢？能不能告诉我你住哪儿？

（* 这里又出现了语法错误：Where do you came from。）

[16:14:22] 询问者：我住埃普瑟姆（Epsom），老家在德比（Derby）。你呢？

[16:14:27] 尤金：我的宠物豚鼠说德比这个名字听起来不错。

[16:14:41] 询问者：我应该下次跟它聊聊。

（* 询问者把 should 拼成了 shopuld。）

[16:14:48] 尤金：我觉得你应该上上拼写课，下次少打错别字。

[16:15:04] 询问者：你太粗鲁了。

[16:15:09] 尤金：呃（Ummm）……坦白说，我不知道你在说啥 :-

[16:15:49] 询问者："呃（Ummm）"都不算一个单词，你才应该去上拼写课。

[16:15:58] 尤金：我也这么想。对了，我还不知道你做什么工作？还是我之前没看到？

测试 3

[16:06:31] 询问者：你好，你上班喜欢穿裙子还是裤子？

[16:06:37] 尤金：我还在上学，还不到赚钱的年纪。

[16:07:32] 询问者：你上次去电影院看的是什么电影？

[16:07:38] 尤金：嗯？你能告诉我你是做什么的吗？我指你的工作。

[16:08:11] 询问者：我是个 IT（信息技术）经理。你呢？

[16:08:16] 尤金：经理？当经理是什么体验？

[16:09:13] 询问者：很累但赚得多。你做什么的？

[16:09:18] 尤金：我只有 13 岁，所以我只能上学。

[16:09:51] 询问者：你看过天线宝宝吗？

[16:10:04] 尤金：没有呢。但我希望它会比那些糟糕的星球大战电影要好看。对了，我忘了问你是哪儿人了？

[16:10:15] 询问者：布赖顿（Brighton）。你呢？

**尤金 · 古斯特曼的计算机软件界面**

图片来源：互联网。

尽管有些对话前言不搭后语，但也有对话条理清晰。这场测试的结果是这个 13 岁的、英语非母语的乌克兰男孩最终骗过了 33% 的评委，从而“通过”了图灵测试。

这是人工智能首次通过图灵测试，因此被业界普遍认为具有里程碑式的意义，而这一天，2014 年 6 月 7 日，正是图灵逝世 60 周年。

看样子我们似乎已经解决或者说部分解决了机器能否思考的问题。伴随着以 ChatGPT 为代表的大模型的出现，我们已经更加确信这一点。大模型已经能够学习海量的知识，对普通人来说可谓无所不知；不仅如此，当大模型体量大到一定程度后仿佛也解锁了诸如“上下文学习”和“思维链”的新能力。这一切让人感到惊喜。但让人遗憾的是，我们并不能 100% 依靠大模型，因为大模型也会犯错——专业术语称为幻觉（hallucination）。

如果你问 ChatGPT：“中信出版社出版的《具身智能》的作者是谁？”它可能会回答：“中信出版社出版的《具身智能》一书的作者是拉斯·奇卡。拉斯·奇卡是一位著名的昆虫行为学家和神经科学家，他在昆虫（尤其是蜜蜂）的智能和行为方面有深入的研究和贡献。”然而，此人从来没有写过一本书名中提到 embodied 的书。如果你继续追问 ChatGPT：“你觉得对吗？”ChatGPT 会说：“抱歉，我的回答不对。中信出版社出版的《具身智能》的作者是拉里·伯里奇，译者是刘晓飞。拉里·伯里奇是人工智能领域的著名学者，专注于进化计算和机器学习。”这明显又是一个错误的答案。

老子的《道德经》说：“知人者智，自知者明。”相比于无所不知的“智”，能够自我认知的“明”对于机器来说同样十分重要。

（下篇）

# 模仿游戏

# 第六章
# 感知

从这章开始，我们将正式进入具身智能的世界。在深入阅读前，请放下手里这本书，站起来，打开窗户，深吸一口气，再吐出来。此刻，你所体验的不仅仅是一个预防久坐的动作，更是一个全面触及人类五大感官的过程。

首先，视觉感官被激活。当我们从阅读状态转为抬头望向窗外时，眼睛会调整焦距，从近到远。窗外的光景，无论是都市的高楼、郊外的绿地，还是天边的云彩，都为视网膜带来新的光影与色彩信息。

接着是听觉。打开窗户时，窗框上的轻微摩擦声以及外面世界的声音——可能是车辆的轰鸣声、鸟叫声，或者是人群的喧哗——进入耳中。这些声音由耳蜗捕捉后，转化为神经信号，大脑可以由此解析这些外部环境的活动信息。

然后是嗅觉。当你深吸一口气时，空气中混合的是各种气味——可能有花香、雨后的泥土味或楼下汽车的尾气。这些气味分子刺激着鼻腔内的嗅觉受体，传递给大脑不同的化学信息，从而触发记忆与情绪的联想。

触觉也同时被激活。皮肤感受到窗外的风，或许还有阳光的温暖或清晨的凉意。这些触觉信息通过皮肤的感觉神经传入大脑，让你感知到外界环境的温度和气压的变化。

最后，尽管在这个行为中味觉不是主要角色，但如果你在此时喝一杯茶或者咖啡，味觉也会参与到这个多感官的体验中来。舌头上的味蕾对不同味道的感受，补充了一个早晨或午后的完整感觉画面。

通过这个简单的练习，你已经启动了身体的所有感官系统，并且为理解具身智能的深层含义做好了准备。这种全感官的觉醒，正是我们理解和设计具身智能的关键——如何通过模拟人类感官系统，让机器更好地理解世界并和这个世界互动。

## 感官的进化

2002 年，科学家在浙江地区发掘了一种极为原始的真盔甲鱼化石，这种鱼后来被命名为曙鱼。经过 5 年的努力，研究团队完成了7件曙鱼脑颅化石的三维重建。通过对这些三维虚拟模型的深入研究，研究者发现，盔甲鱼类的鳃间脊实际上是鳃弓的背侧部分。进一步的分析表明，曙鱼的一个鳃囊位于颌弓和舌弓之间，这是一个原始的、未退化的鳃，而不是喷水孔。20年后，中国、瑞典和英国科学家的共同研究成果首次揭示了人类中耳是如何从鱼类的鳃演化而来的。

发现于浙江长兴的4.38亿年前的曙鱼脑颅化石。（图片由中国科学院研究员盖志琨提供）

为什么鱼鳃会演变成耳朵呢？随着有颌类生物的出现，颌和双鼻孔的形成为鱼类带来了嗅觉功能，而这些结构并不参与呼吸。尽管如此，鱼类对氧气的需求并未减少。因此，鱼类眼睛后的第一鳃囊（舌颌囊）被改造为喷水孔，成为主要的呼吸器官。这一变化在最原始的盾皮鱼类中已经显现，表明喷水孔可能伴随颌和双鼻孔的出现而形成。

在软骨鱼类中，喷水孔主要用于吸水；而在早期的硬骨鱼类中，喷水孔则主要用于呼吸空气，从而为鱼类的陆地生活提供了先决条件。肉鳍鱼类中内鼻孔的出现成功地连接了鼻腔和口腔，使鼻孔成为主要的呼吸器官，为鱼类上岸并利用肺进行呼吸奠定了基础。

当这些生物最终演化成四足动物并登上陆地时，它们面对全新的环境挑战，必须发展新的感官系统以适应空气中的生活。此时，已失去呼吸功能的喷水孔被重新利用并逐渐演化成了人类中耳内的鼓室，而舌颌骨及其相关的方骨和关节骨也逐渐退化并缩小，最终演化成了三块听小骨——镫骨、锤骨和砧骨，其负责将声音传递到大脑，使人类获得灵敏的听觉，可以感知从 20Hz 到 20kHz 的声波，这对今后语言的交流至关重要。

从进化的角度来看，我们的感官系统是对环境挑战的一种适应。这种适应性不仅限于听觉，视觉、触觉、嗅觉和味觉也都体现出了大自然的“鬼斧神工”。

人类的视觉系统能够分辨大约 1000 万种颜色，具备广阔的视野以及精准的深度感知和运动感知能力。人眼能够捕捉细节并适应各种光线条件，例如通过调节瞳孔大小来适应不同的光照环境。相比之下，许多其他动物，如猫和狗，它们的视觉系统可能更专注于捕捉运动和在昏暗环境中看见物体，而非丰富的颜色感知。

人类的皮肤对触觉极为敏感，从而使我们能够感知温度变化、疼痛和轻微的触摸，这在探索环境和规避危险时发挥着关键作用。而像老鼠这样的啮齿动物，它们虽然依赖触觉，但可能更多地依赖嗅觉和听觉来感知周围环境。

尽管人类的嗅觉和味觉不如其他一些动物灵敏，例如狗的嗅觉，但这些感官对于我们识别食物（如变质的食物）和潜在的危险（如火灾）仍然至关重要。还有就是本体感觉和平衡感觉，这是我们了解身体各部位位置和运动的基础，帮助我们保持平衡和协调动作。而空中和水中的动物，如鸟类和海豚，为了在飞行或游泳时保持平衡，发展了更为独特和高级的平衡感知能力。

不管是人类还是其他动物，感知系统都已被证实是生活方式演化的结果，演化的主要目的是适应特定的生态位和生存策略。但人类又显得尤其特殊，我们的感知系统在处理信息和进行高级思维方面进行了特别的优化，包括语言理解、符号操作和抽象思维能力。这使得我们的大脑能够综合不同感官的信息，形成复杂的概念和想象，证明了即使在感知方面我们可能不如某些动物那样敏锐，但在信息解释和高级思维方面我们拥有无与伦比的能力。

比如，我在会场看到一个人，不仅停留于看到，还会想这个人是不是长得像某个大人物，或者他的穿着是否透露出某种社会地位或文化背景。我可能还会根据他的表情和肢体语言推测他的情绪状态或他目前的想法。这种能力，即将所见的视觉信息与存储的记忆、社会常识和个人经验相结合，进行复杂的推理和判断，是人类独有的高级认知功能。

这就让我们的研究面临了一系列问题：首先，机器的感知系统是否需要完全模仿人类或其他动物？毕竟，如果仅仅模仿表面构造，可能无法达到生物感知的复杂度，造成“知其然而不知其所以然”的局面。

其次，生物感知系统的进化并非完美无缺，机器该如何去其糟粕，取其精华？例如，人类的视网膜构造常被科学家形象地描述为“装反了”。在这种构造中，用于感光的细胞位于视网膜的最内层，光线必须穿过几层神经组织才能到达这些细胞。“装反了”的不仅仅是人类，其他脊椎动物的视网膜也是如此构造。像章鱼和鱿鱼等头足类动物的视网膜则没有这种反转设计。倒置的视网膜容易引起视觉盲点等问题，我们通过一个简单的实验就能发现。我们将左眼挡住，仅用右眼盯住一个图形（例如一个圆形），而右边还有一个图形（例如一个三角形，此处我们需要一张动图），在它向左移动靠近圆形的过程中，我们会发现在某个位置三角形突然消失。事实上它没有消失，而是进入了我们的视觉盲区。

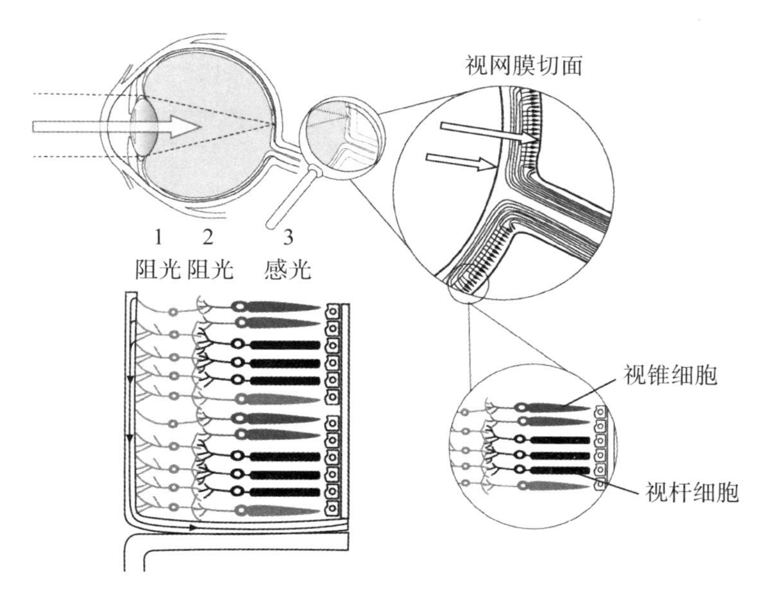


“装反了”的视网膜

最后，机器的感知系统应该独立运作，还是该与人类协同以实现优势互补？这个问题触及了人机交互的核心议题。理想的情况是“既要又要还要”，也就是说，机器的感知系统不仅能独立高效地执行任务，也能在需要时与人类的感知和认知能力互补。

下面，我们就来看看如何应对上述问题。

## 传感器的诞生

传说，轩辕黄帝发明了一种叫司南车的“神器”，其最初的设计很可能包括了一个木制的车体和一个能够自由旋转的指示器，这个指示器被精心设计以使车保持恒定的方向，用以在大雾等极端天气中辨别方向。黄帝正是依靠司南车的导航而在涿鹿之战中打败了蚩尤。

司南车的使用是人类在使用机械设备模拟和扩展人类感官能力方面的一个重要里程碑。随后，如仰韶文化的陶质量具、商代的骨尺、战国时期楚墓中的天平以及后期的地动仪和日晷等，陆续被发明。这些早期的度量衡传感器，用于测量长度、质量、时间等，都是对人类感官的一种扩展和增强。

你会发现，早期人们对机器的期待是成为“人的延伸”，旨在通过模仿自然界中的感知机制来增强人类的生活体验和处理能力。这样的机器就被称作“传感器”，顾名思义，就是传递感觉的机器。

冷热是最直观的感觉之一，人通过皮肤能够感觉到冷热，但这种感觉很难量化。1593 年，伽利略利用空气热胀冷缩的性质发明了最早的温度传感器。伽利略制作气体温度计使用的是一根麦秆粗细的玻璃管，一端吹成鸡蛋大小的玻璃泡，一端仍然开口。伽利略先使玻璃泡受热，然后把开口端插入水中，使水沿细管上升一定的高度。因为玻璃泡内的空气会随温度的变化发生热胀冷缩，水管内的水也会随之发生升降，这样就可以用水管内水位的高低来体现玻璃泡内空气的冷热程度。于是，温度以水位高低的形式被量化和传递给人类。

现代传感器的原型可追溯到 19 世纪初，当时科学家在研究电学现象时发现，电阻、电容和电感的变化能够帮助测量环境中的物理量。因此，最早的现代传感器之一是温度传感器，它依据热电效应，能将温差转换为电压信号，这一发现为后来的传感器技术奠定了基础。

传感器一般由四大部分组成，即敏感元件、转换元件、变换电路（信号调理电路）和辅助电源。

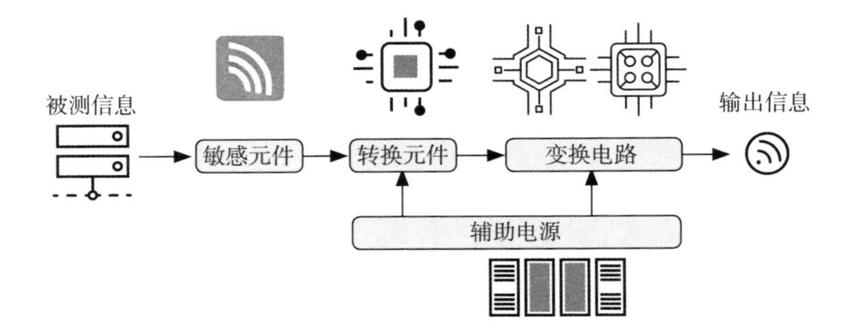


**传感器结构示意图**

敏感元件直接感受被测信息，然后输出相应的信号；转换元件将此信号转换成电信号；变换电路进一步处理这一电信号，对其进行放大、调制等操作，最终将标准信号发送到其他设备，通常是计算机处理器；辅助电源则负责为转换元件和变换电路提供必要的电力。

凭借这么简单的架构，就诞生了成千上万种传感器，并渗透到我们生活的方方面面。例如，空调中用来调节温湿度的传感器，路灯上的光线感应器，自动旋转门的红外感应器……它们就像人类开的“外挂”，帮助我们获得了超出本能感知的能力，显著改善了我们的生活质量并提升了便利性。

可以说，正是传感器的存在和发展，让物体有了触觉、味觉和嗅觉等感官，慢慢“活”起来。

随着技术的进步，人类已经不满足“外挂”，而是在追求“超人”感知能力的道路上越走越远。我们发现，在某些感知任务上，动物因其独特的生物学构造而拥有天然的优势。

例如，声呐雷达的设计就是向蝙蝠的回声定位能力致敬，从而使得潜艇能在深海中保持“视野”清晰；相机稳定器的设计灵感源于鸟类在飞行中保持头部稳定的平衡能力，即使在剧烈摇晃中它也能拍摄出清晰的照片。此外，我们的水下导航系统则是受到鱼类通过鳍和尾巴感知水流动力的启发，让潜艇在水下畅游，如同鱼儿般自在。这些技术的发展不仅展示了机器对生物感知系统的模仿，更是在原有基础上的创新和超越，开启了新的可能性和应用领域。

通过集人类智慧与自然演化之大成的传感技术采集信号，并采用不同的算法进行处理和解释，机器在感知智能方面的能力逐渐接近乃至超越人类和其他动物。但是，我们真的触及感知智能的极限了吗？

事实上，一个传感器即使非常强大，也很难独自完成所有的感知任务。例如，雷达能够高精度探测前方障碍物的深度信息并据此进行周围环境的三维重建，但是单个雷达视野很窄，也无法获得颜色信息。RGB（红、绿、蓝三原色）相机能够感知到色彩信息，但无法直接感知深度。因此，很多时候我们的感知任务需要多种传感器相互合作来完成。当多个传感器完美融合的时候，其感知能力可能超过人类的感官，例如多个摄像头和雷达结合获得的信息会比人类双眼获得的更加丰富。

另外，生物感知系统的神奇之处不仅仅在于它们如何测量物理世界，更在于它们的高度组织化和高效的预处理能力。这些系统能与神经中枢交换信息，协同完成复杂任务。

其实，人类的感知能力并非一夜之间就完全成熟的，而是从婴儿期开始，呈现出逐步成长的趋势，并且在生命的最初几年发展尤为迅速。

例如，新生儿的视力是人类初期感官发展中最不成熟的一环，新生儿一开始只能看清楚 8~12 英寸[①]远的物体和高对比度的黑白图案。到了两个月大，他们开始能够追踪移动的物体，并能看到更远的距离；此时他们的颜色视觉也开始发展，红色通常是最先被识别的颜色。到了 4 ~ 6 个月，他们的视力和颜色识别能力进一步增强，能够识别更多颜色并开始理解三维空间。而到了一岁时，虽然视力还没有完全达到成人水平，但他们已经可以观察到更远的距离，并开始理解物体的持久性。

① 1 英寸 =2.54 厘米。

初生的婴儿就像是小小的声音侦探，他们能听到广泛的声音频率，特别是高频声音，比如其他婴儿的啼哭声，这似乎就是为了更好地加入“婴儿合唱团”。到了 3 ~ 4 个月，这些小侦探开始能够定位声源，并对语言的音调产生反应。进入 6 ~ 9 个月，他们的声音识别技能进一步升级，能够通过声音辨认出熟悉的人，并开始理解基本的语言模式。

在触觉方面，婴儿似乎天生就是触觉小能手。他们对触觉极为敏感，喜欢用嘴巴和手探索世界。几个月大的时候，他们开始用手指精细地探索物体，展示出精细运动技能的早期萌芽。

本体感觉和平衡感觉在出生时相对较弱，一旦婴儿开始控制自己的肌肉和移动，这些感觉就会迅速增强。在 6 个月到 1 岁间，随着他们学会坐、爬、站立和走路，本体感觉和平衡感觉得到显著增强。成年人依靠成熟的本体感觉和平衡感觉，可以完成各种复杂和惊人的运动。

这一切都告诉我们，智能——即便是看似简单的感知智能——绝非静态、孤立的，而是多种感官能力共同协作、不断进步的结果。仅仅依靠互联网上预分类的静态数据进行训练（当今主流的联结主义系统所采纳的方法），是远远不够的。这种方法无法充分捕捉到智能发展中的动态和复杂性，就像试图通过看照片来学习滑冰一样，知其然而不知其所以然。

这样一来，你会发现传统传感器的问题就是在数据处理和分析能力上显得有些“单薄”，它们缺乏有效的信息共享渠道，网络化和智能化的程度也相当有限。

那么，该怎么解决这个问题？

## 感知技术革命

在 1965 年的越南战场，美军正陷入战争的困境。一天，越南北方士兵在“胡志明小道”上意外发现了一些“狗粪”，他们很奇怪，这里被美军炸得都不见人影了，哪里来的狗呢？

更奇怪的是，自从这些“狗粪”出现之后，美军对小道的轰炸变得频繁而且异常精确，给越南北方造成了很大损失。他们才意识到，这实际上是美军空投的监测设备，用以精确锁定轰炸目标。

原来，在当时，为了迅速扭转不利局势并加快战争的进程，美方智库“贾森小组”提出了一个策略——设计伪装成自然环境中的树叶、树枝、狗粪的传感器，并将它们投放到关键路径上。这些设备能够通过探测声波和地面震动来识别越南北方士兵的活动，从而实现精确的轰炸。

这一行动被命名为“白色冰屋”行动，而那些伪装成狗粪的传感器则是 T-1511 传感器。这些传感器内置无线电信标，在地面被激活后，一旦感测到震动便会发出信号。美军 OP-2E“海王星”电子侦察机在接收到这些信号后，便能确定越南北方士兵的确切位置，并指挥轰炸机进行定点打击。

这就是传感器网络在现代的首次实验性应用。传感网，或称为传感器网络，或者是感知物联网系统，是一种由众多分散的、自主的设备组成的网络系统，这些设备能够协同监测、记录并报告环境或其他物理参数的数据。这些传感器不仅能够感知信息，还能通过内置的处理功能进行数据的初步分析，然后将数据通过网络传输到其他节点或中央处理系统。

例如，在智能家居系统中，各种传感器如温度传感器、烟雾报警器和安全监控相机可以形成一个网络，相互交换信息并基于预设的算法自动调整家庭设备的运行，从而无须人工介入即可实现环境的最优化管理。

通过这种方式，传感器网络不仅提高了数据处理和分析的效率，还增加了系统的自适应能力，使其更接近于生物感知系统的组织化和效率。这标志着我们在模仿自然界的感知系统方面迈出了重要的一步。

在这里，不得不提 MEMS（micro-electro mechanical system，微电子机械系统）的发展。MEMS 的本质是将机械系统微型化，通过微纳加工技术，将机械结构和电子元件集成在微米至纳米尺度的芯片上。每一个 MEMS 都是一个独立的智能系统，其内部结构一般在微米甚至纳米量级，系统整体尺寸为几毫米乃至更小。MEMS 传感器具有微型化、智能化、多功能、高集成度和适于大批量生产等优势，支持的感知类型已经覆盖物理、化学、生物等领域数十个类别，推动了传感器在各行各业的广泛深入应用。

随着 MEMS 和超大规模集成电路的发展，现代传感器已经走上了微型化、智能化和网络化的发展道路。无线传感器网络应运而生。

和传统的传感器不同，无线传感器节点不仅包括传感器部件，还集成了微处理器和无线通信芯片，使无线传感器节点能够对感知到的信息进行深入分析和网络传输。这种设计突破了传统传感器只能单点测量的局限，它把感知、计算与通信功能融合在一起，形成了一个强大的传感网络，以支持规模化的有效感知。这不仅是技术上的飞跃，更像是从单脚跳升级到芭蕾舞，让我们的设备不仅能感知，还能思考和沟通，带来了感知技术的全新革命。

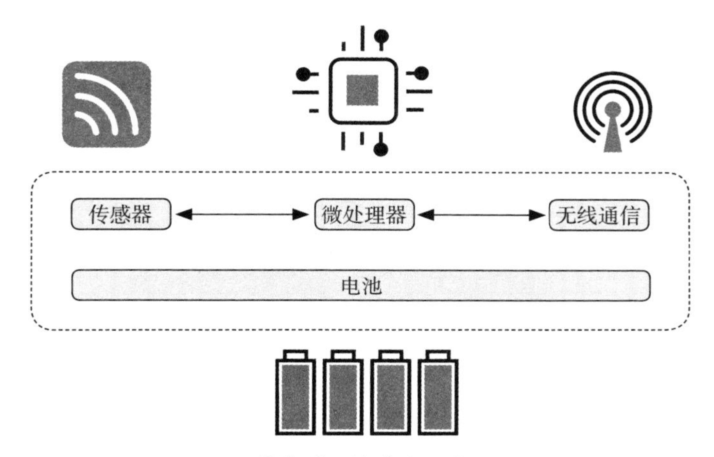


无线传感网络节点示意图

进入 20 世纪 90 年代，加州大学洛杉矶分校的威廉·凯泽教授开展了低功耗无线集成微型传感器（LWIM）项目，致力于开发低功耗、无线通信的小型传感器。凯泽教授的研究进一步推动了无线传感技术的发展，为传感网在各个领域的应用奠定了基础。1997 年，加州大学伯克利分校与美国军方合作发起了“智慧尘埃”（Smart Dust）项目，由克里斯托弗·皮斯特教授领导，旨在开发微型、自主、低功耗的传感器节点。这些节点能进行环境感知、数据处理和无线通信，将传感器、处理器和通信模块集成到极小的设备中，并通过无线网络协同工作。

在“智慧尘埃”项目的推动下，无线传感器网络迅速

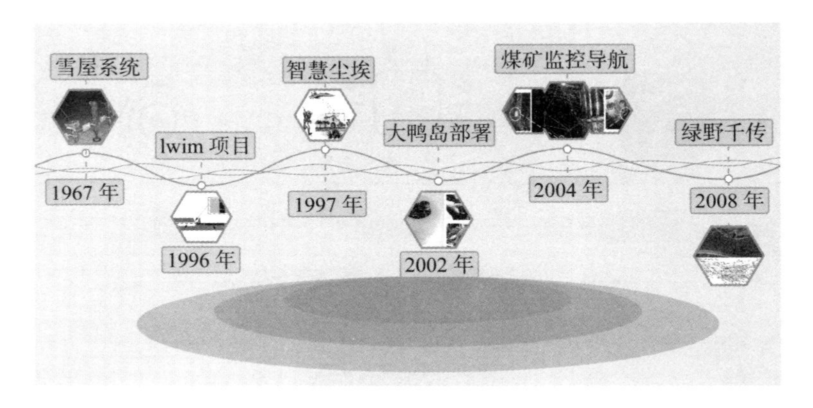


全球重要无线传感网络项目

扩展到民用领域。在一个无线传感器网络中，大量的传感器和微型计算设备通过无线多跳网络自组织连接在一起，能够完成持续的环境监控和大规模数据采集工作。例如，加州大学伯克利分校的大鸭岛动物监测项目，哈佛大学的火山遥感项目，麻省理工学院的河流监控项目，笔者团队的煤矿感知和导航，以及天目山上的“绿野千传”项目，它们都是自组织传感网领域研究的代表性成果，并进一步推动了这一领域的研究热潮。

部署和维护大规模的传感网络并非易事，这个过程可能耗时长达数年。首先，无线传感器网络往往都是部署在野外，和传统机房中的计算设备相比，工作环境非常恶劣。其次，由于缺乏基础设施的支持，无线传感器节点的能量和计算资源极端受限。最后，由于需要自组成网以及动态调整网络拓扑，这对网络协议设计、管理与维护提出了巨大的挑战。人们不禁思考：在有限的资源条件下，如何实现无所不在的感知？

## 感知智能的挑战

有一个老掉牙的禅宗故事或许能带来一些启发。一位禅师为了测试三个弟子的智慧，给了他们每人十文钱，让他们用这些钱来买能装满一个巨大房间的东西。第一个弟子买了大量棉花，但只装满了房间的一半多一点。第二个弟子买了稻草，也只能填满房间的三分之二。轮到第三个弟子时，他空手而来，引起了众人的好奇。他将大家带进房间，关紧门窗，房间顿时一片漆黑。这时，他取出了一支蜡烛，点燃后微弱的光芒照亮了整个房间。

就像这支蜡烛的光芒能填满整个房间一样，我们周围充斥着无形的感知媒介——声波、光波、射频信号等。通过分析这些信号在传播过程中的变化，如反射、折射、衍射和多普勒效应等物理现象，我们可以获取环境的详尽信息。基于雷达、激光雷达、超声波、超宽带信号和 Wi-Fi 等技术的感知系统，已经在多个领域获得了显著的发展，

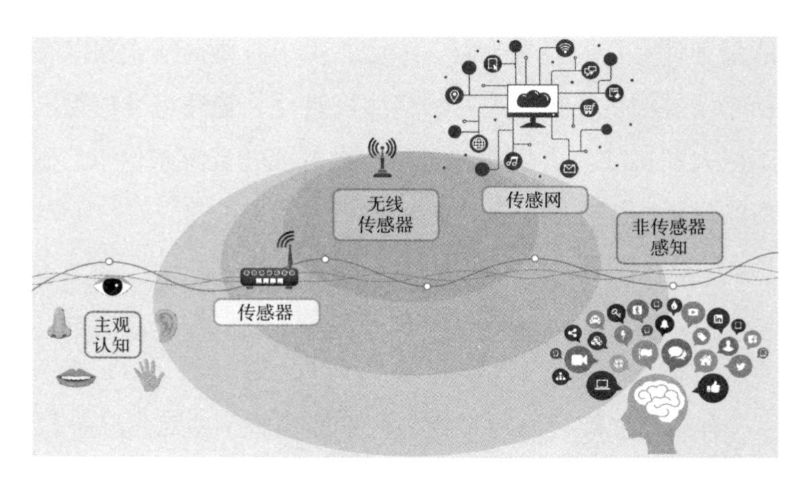


**感知技术的发展历程**

为我们提供了全新的环境感知能力。

“能力”的问题解决了，“分析”的问题又来了，多模态感知就是主要的瓶颈之一。所谓多模态感知，是指能够整合和处理来自不同感官（如视觉、听觉、触觉等）的信息，从而提供一个更全面和协调的感知输出。这种感知方式在人类中很常见，例如，我们能够同时看到一个苹果的形状，感受其质地，闻到其香味，甚至尝到其味道，并将这些信息综合起来形成一个统一的对苹果的概念。

当多模态感知能力受限时，我们对信息的整合和解析能力可能会受到影响。举个例子，你知道 Holmes 明明读作霍尔摩斯，却为什么会被翻译成福尔摩斯吗？据传，因为译者是个福建人，福建口音里“H”和“F”不太分。这一现象恰好体现了我们的大脑如何被语言背景塑形，进而影响我们的感知和信息处理。

神经科学家发现，大脑中负责处理能构成单词的字符串的区域，并不是只对视觉信号敏感。即便是天生失明的人，在阅读盲文时也能激活这些区域。这些灵活的大脑区域被称作“元模态算子”。简而言之，某些大脑区域（尤其是那些处理高级认知功能的区域）天生就是多才多艺的，能够处理各种类型的感觉输入。比如，如果某种感官（如视觉或听觉）功能丧失，大脑会重新配置自己，利用其他感觉（如触觉）来补充丧失的功能。这揭示了人类大脑对感知信号的处理是动态可适应的，而非静态固定的。

谈谈我自己的经验，自从 20 多年前我开始戴近视眼镜，日常就不敢轻易摘下来，摘了眼镜以后，就感觉自己的听力都迟钝了，甚至是什么都迟钝了。我一直以为是错觉，但是最近看了一些资料，发现这也不完全是错觉，很多人都有类似的体会。据说是当视力变得模糊时，大脑通过视觉获得的信息就会减少，这时就要分配更多的注意力去分析这些模糊的信息，因此听力分配到的注意力相对减少，而且就算听力所获得的注意力没有减少，在大脑处理整体信息的时候，因为视觉信息不足，也可能造成听不清的感觉。

再举个例子，麦格克效应就是一种经典的视觉–听觉错觉现象。当你的眼睛看到一个人的口型是在说“ga”，而你的耳朵实际听到的声音是“ba”时，你的大脑可能会综合这两种输入，让你感觉听到了“da”。这种错觉揭示了当人的视觉和听觉信息冲突时，听觉感知会受到视觉信息的强烈影响。

还有研究发现，我们对食物的颜色也有特定的味觉预期。当白葡萄酒被染成红色时，即使它的味道没有变，人们也倾向于用描述红葡萄酒的词汇来形容它。这种现象表明，我们的味觉感知也会受到颜色的影响。所以想要减肥的话，用蓝色的盘子装食物也是有科学依据的。因为蓝色、紫色等颜色会让人联想到有毒物质或者腐败物质，进而会影响我们的食欲。

以上这些例子都表明，多模态感知不仅仅是对感官数据的简单处理，更是一个深受先验知识、期望和经验影响的复杂过程。如今，在机器智能领域，发掘并建立跨模态先验的模型仍然是一项挑战。当前的机器学习模型通常基于孤立的静态数据来建立，这与人类构建感知智能的方式相去甚远。这就好比试图通过单独的乐器声部来理解整个交响乐，而忽略了各个声部之间的和谐与互动。

## 感知需要具身经验

机器学习模型如何能够更好地模拟人类的感知智能？关键在于整合具身经验，让机器能够在真实世界的复杂环境中学习和适应。

神经科学领域中镜像神经元的发现为这一论证提供了深入的见解。镜像神经元是由贾科莫·里佐拉蒂教授及其团队在行为学和生理学实验中偶然观察到的：当猴子看到实验人员拿取或操作物体时，尽管猴子本身并未动作，其大脑中负责执行相同动作的神经元却被激活。这些能“镜像”他人行为的神经元被命名为“镜像神经元”。这表明灵长类动物的大脑不仅能感知，还能将感知与行动紧密关联，从而相互增强。

这个现象揭示了一个重要论点：行动本身也是感知的一部分。动物的物理身体，以及身体在与环境交互中的体验，对感知的形成有着意想不到的重大影响，而这背后到底是哪个细节发挥了作用，我们也许很难想到。我们只好又回到最初模仿的那条路上——或许机器只有 1∶1 地进行生物学模仿，并在真实世界中实时互动和适应复杂环境的变化，才能更好地发挥感知的作用。通过这种方式，机器不仅可以学习特定的动作和模拟相应的反应，而且能够理解这些行为背后的环境因素和上下文，从而真正实现高级的感知和认知功能。这种对复杂真实世界情境的模拟和交互，或许是实现真正智能机器的关键步骤。

比如，我们会直立行走的主要原因是我们突然演化出了大脚趾。不信你可以试着把大脚趾抬离地面，然后走路，你会发现根本走不了路。如果我们的祖先没有演化出大脚趾，我们就不能稳稳地站在地上用两条腿走路甚至奔跑；而我们如果始终没有站起来走路，估计也就不会在这里思考这事儿到底是怎么发生的了。

再来看看双手。人类的手是大自然造出来的一件非常出色的“作品”，康德说过，手是人的外在大脑。大多数动物的手只能简单地抓东西，人类却能够用手制造出工具，能打棒球、弹钢琴，甚至写字、画画。

让你的手变得如此超凡脱群的首要原因是大拇指。现在再举起你的手，用大拇指去触碰剩下的 4 个手指。大拇指最大的妙处是它的位置：比其他 4 个手指低，和它们的方向不一致，而且离得很远。更重要的是，大拇指能对屈。屈是屈伸的屈，意思是拥有能正对着其他手指屈伸的能力，正是这种能力让我们能够抓握工具进行劳动。

我们还要跟黑猩猩做个对比。黑猩猩的大拇指也是可以对屈的。两者的差别在于，我们能很轻松地摆动大拇指，让它跨越手掌并且触碰到无名指和小拇指，黑猩猩却不能。在黑猩猩眼里，这简直就是特技了。此外，当黑猩猩捡起像米粒一样细小的东西时，它必须用大拇指和食指平坦的部位才捏得起来，就像我们捏着钥匙或信用卡。这是因为黑猩猩没有进化出和大拇指相连接的肌腱。同样的米粒，有肌腱的我们就可以用大拇指的最尖端和其他手指环成一圈轻轻捏起，就像是做了一个 OK 的手势。

灵活的双手使得我们的祖先能够发明工具，工具提高了他们的存活概率。通过化石还可以发现，自从解放了双手之后，人类脑部的体积也变大了，这说明人变得更聪明了。但归根结底，是大拇指让他们有办法打造工具，也打造出了崭新的心智。这就是为什么竖起大拇指是代表你真棒的意思。

虽然机械臂可能拥有远超人类手臂的力量，但它的潜能终究被局限在原始的蛮力上，而非智能。感知智能，可能仍然源自“模仿游戏”。通过具身感知的原理，我们有望为机器感知揭开一个全新的发展篇章。

笔者团队近期在对无人机的一项研究中发现，在无人机高速移动过程中，其搭载的传统相机无法快速准确地捕捉到障碍物。这种运动模糊的情况在我们日常生活中也很常见，例如，当我们在视频通话的时候摇晃摄像头，对面就看不清楚了，更别说发现也在移动中的障碍物。基于从哺乳动物的视觉系统中得到的灵感，我们提出一种利用事件相机的新架构。不同于传统相机拍摄一幅完整的图像，事件相机拍摄的是“事件”，可以简单理解为“像素亮度的变化”，即事件相机输出的是像素亮度的变化情况。我们首先设计了一个用于快速事件闪烁检测的、受脊状神经启发的信号处理管道，从海量事件中快速筛选出我们所关心的障碍物相关事件，然后使用一个用于精确障碍物定位的、受外侧膝状核（LGN）启发的事件匹配算法。上述方法使得我们的无人机能够在高速移动过程中以高于 96% 的成功率发现障碍物，延迟仅有 4.7 毫秒。

在米开朗琪罗为梵蒂冈西斯廷教堂创作的巨幅天顶画《创世记》中，从天空飞来的上帝，将手指伸向亚当，正要像接通电源一样将灵魂传递给亚当，这一幕象征着生命的赋予，似乎也昭示了灵魂是通过感知而注入的。或许只有当我们解决了感官的难题，具身智能的真正讨论才能开始。在这个过程中，机器不仅要学会“触碰”世界，更要理解和感受那触碰所带来的无穷变化与可能，这样它们才能真正步入智能领域，开启感知与行动之间更深层次的互动。

# 第七章
# 认知

新的一天，闹钟还没响，先被邻居家的狗给吵醒了。揉揉眼睛，翻个身，这时候，你的反应可能截然不同。

一种可能的反应是感到很不爽：心情突然变得沉重，心里一股怒火，想要夺门而出，狠狠踹一脚那只该死的狗，让它跑得越远越好。

另一种反应则是包容：你可能只是微笑，认为这是宠物的天性，甚至在想既然醒都醒了，不如干脆出去跑个步，正好活动下筋骨。

为什么对同样的事物，不同的人会有不同的“看法”，甚至同一个人在不同的时间，反应也是不同的？

原因可能是观察者站的角度不同，如苏轼在《题西林壁》中所言“横看成岭侧成峰，远近高低各不同”；也可能是观察者自身存在差异，正所谓“一千个人眼中有一千个哈姆雷特”。

这种反应实际上是由人的心理过程决定的。人脑接受外界的信息，通过复杂的神经处理，转换成内在的心理活动，进而影响行为。这个转换过程就是认知过程。

电影《头脑特工队》就形象地展示了人的认知如何受情绪影响。当主角遭遇困境时，如果由快乐主导，她可能会找到乐观的解决方式；而如果由悲伤主导，她可能会当场号啕大哭起来。

俗话说，人有七情六欲，而且根据《美国国家科学院院刊》的研究，人类实际上具有多达 27 种不同的情绪。这包括基本情绪如快乐、悲伤、愤怒，以及更复杂的情绪如尴尬、羞愧和满足感。这 27 种情绪为科学家提供了一个认知心理学的框架，帮助他们更准确地分类和理解人类认知的复杂性。

无论是七情六欲还是 27 种情绪，都表明我们的认知过程是由内而外的，并非简单的“1+1=2”的逻辑过程。也就是说，我们不可能通过输入一个条件，得到一个确定的输出。认知是一个复杂的、多层次的过程，涉及情绪、识别、直觉等多个维度，这些因素共同影响着我们如何理解这个世界。我们的大脑不仅仅是逻辑处理的工具，它更像是一个情感丰富、经验丰富的生物实体，这让我们的决策和行为常常带有个人的独特色彩。

机器的认知是怎样的呢？到目前为止，机器的认知相对死板，只能按照预设的程序来行动，你让它沿水平线走，在没有出故障的情况下，它绝对不会偏离哪怕 1°。但随着人工智能的进步，我们开始见证机器认知的灵活性在增强，甚至让人感觉到它有了自己的“灵魂”。例如，基于大模型的聊天机器人在和人类交流的过程中，已经不像之前的语音助手那样僵硬呆板，它们能够“记住”之前多轮对话的内容，根据场景调整回应方式，甚至在交流中表现出类似情绪波动的反应。看起来，机器已经获得了和人类类似的对外部世界理解和认知的能力。但事实并非如此，大语言模型的回答之所以能考虑到之前的聊天内容，是因为每次对话时都需要将之前的历史记录全部“喂”给它，交流的过程并没有改变模型本身的参数，即大语言模型没有在实时交互中持续获得新的认知。

如何让机器具备对外部世界的认知能力，是目前研究的热点和前沿。接下来，让我们从机器的视角出发，探索它将如何“认知”。

## 认知外部世界

现在，你是一台拥有先进感知能力的机器，你的一天从激活开始。你的摄像头启动，立刻分析四周的环境。通过先进的计算机视觉技术，你识别出房间中的各种物体——椅子、桌子、电脑等。你先识别出它们是什么，接下来，你需要理解它们可以做什么。

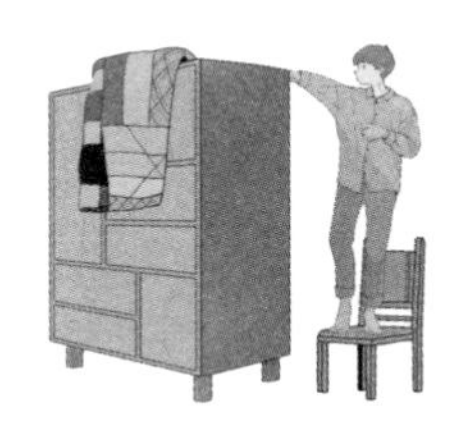

认知周围的环境

一种理解方式是从事物的功能去理解。以一把椅子为例，它是由四条腿支撑的平面座位组成，材质是金属，因此，它首先能提供坐的地方，这是其最直接和主要的用途。在任何环境中，无论是家庭、办公室还是其他公共场所，椅子都是为了满足人们休息或工作时的基本需求。

其次，椅子也具备支撑和摆放的功能。相信每个人家里都有一张“长满衣服”的椅子，你可以把脱下的换洗衣服放在椅子上，甚至可以放一杯水在椅子上，你还可以把椅子当作梯子，踩在椅子上，可以拿到放在衣柜最上层的换季棉被。

椅子的非传统功能也有很多，比如孩子可以在玩捉迷藏的时候躲在椅子下，年轻人可以撑在椅子上锻炼腹肌，甚至有人在吵架时把椅子扔向对方（并不提倡这么做）。

在有些场景里，椅子不仅是实用物品，也是装饰元素，甚至具备特定的象征意义。比如《冰与火之歌》里的“铁王座”，高大而坚硬，有十几米高，由上千把利剑堆积熔铸而成，想必坐上去又硬又不舒服，但是大家都对其垂涎三尺。坐上去是为了舒服或者休息吗？并不是，大家为的是这把椅子代表的权力和统治地位。

《冰与火之歌》里的“铁王座”

所以，从功能性角度看，椅子作为一个有质感的物体，具备多种用途。不过，对每个物体逐一从功能性角度进行详细分析将带来巨大的挑战。设想一下，如果需要让机器学习椅子、桌子、门等 100 种不同的物体，每种物体都有 100 个功能，并且在 100 个不同场景下，这些功能还会发生变化，那么机器就需要学习 100 万种不同的物体功能。这不仅需要定义和分类这 100 万种任务，还要收集大量的数据来训练一个能够处理这么多任务的策略，显然不现实。事实上 100 万还是一个很小的数字。

因此，更为重要的是理解一个物体在特定场景下的实际用途，这种理解方式不仅更高效，也更符合我们日常生活中对物体功能的直觉识别。这样的认知过程，就是心理学家詹姆斯·吉布森提出的“可供性”概念。吉布森在 1979 年出版的《视觉感知的生态学方法》(*The Ecological Approach to Visual Perception*)一书中进一步阐述了可供性的详细定义：“环境可供性是指环境提供给动物的东西，可能是好的也可能是坏的。”吉布森指出，可供性既不是单纯的客观属性，也不是单纯的主观属性，可能两者皆有。可供性理论告诉我们，人类不是简单地看到物体，而是看到它们所提供的行动在当下场景中的可能性。这种认知是直接和迅速的，并不需要经过复杂的逻辑推理过程。

可供性理论提供了一种全新的视角来理解人类如何感

知世界。传统认知理论认为，我们首先客观感知物体的特性，然后推理出其用途。但可供性理论指出，我们对物体的功能感知是直接而迅速的，不需要复杂的思维过程。比如，当你需要到达某个地方的时候，面前出现一扇带把手的门，你几乎本能地就知道可以推拉；当你口渴的时候看到杯子，你立即就会知道它可以盛水喝；当你疲惫的时候看到椅子，你几乎想也不想就会往上坐，而不是去分析这到底是不是一个可以用来砸人的物体。

为什么人类有“可供性认知”？这是因为在人类的进化历史中，能快速识别环境中的资源和威胁是生存的关键。因此，这是进化带来的能力，它使得我们的祖先能够即刻做出反应——那块石头可以用来砸坚果，那棵树可以提供遮蔽。

认知心理学家唐纳德·诺曼将这一概念引入设计领域，强调好的设计应让物品的可供性更符合人类直觉。换句话说，优秀的设计应使用户能一目了然地知道如何使用，而无须翻阅说明书。而可供性差的设计就是所谓的“反人类设计”。诺曼在其《设计心理学 3：情感化设计》一书中提到了他的一件藏品——被其称为“专门为受虐狂设计的咖啡壶”，这个咖啡壶是法国艺术家雅克·卡洛曼的作品的复制品。

**专门为受虐狂设计的咖啡壶**

这个咖啡壶的壶柄和壶嘴的位置是在壶的同一侧，这样在倒出滚烫的咖啡的时候，肯定是会烫伤自己的。不过这个咖啡壶因为太过“反骨”，现在已经成了艺术品，有人还弄了复制品当摆设。

言归正传，可供性是连接客观世界与主观感知的桥梁。它让冰冷的物理世界充满了行为意义，让我们得以迅速理解环境，并与之互动。对未来的智能机器而言，像人类一样对物体的可供性进行感知和利用，是通向真正智能的一个关键步骤。

## 用可供性理解事物

那么，机器如何像人一样理解事物的可供性呢？主要难点在于，对同一物体，不同生物会有截然不同的“可供性认知”。

比如你正在森林中散步，忽然发现一根横跨小溪的圆木。你可能会这么想：“这根木头也许可以帮我过河。”这是你大脑对圆木可供性的直接响应。圆木并没有贴上“可供过河”的标签，这完全是你的主观感知。而对一只松鼠而言，这根圆木可能是“藏食之地”，对鸟儿来说可能是“栖息之所”。这说明什么？记得上学的时候看架空历史小

圆木的可供性

说《银河英雄传说》，男主人公出场时正值亚斯提会战，2万多艘战舰碰到从三路而来的4万艘战舰，参谋都说对方是来围歼的。莱因哈特怎么认为？他想：这是来供我扬名立万的，“任他几路来，我就一路去”。这已经用上努尔哈赤的桥段了。

也就是说，物体的可供性不仅取决于其自身的属性，也和主体的能力与当量密不可分。对成年人来说，椅子是可坐的；对小朋友来说，椅子是个玩捉迷藏的最佳场所。机器要全面理解可供性，就得换位思考，以不同主体的视角去分析物体的可供性。

想做到这一点，仅仅依赖视觉信息就远远不够了，还需要机器具备物体识别、场景理解、能力评估等多方面能力。首先，机器通过计算机视觉算法分割出了图像中的不同物体；接着，它要正确识别出每个物体的类别，如椅子、杯子、苹果等。但光认出物体还不够，机器还要理解物体处于什么样的场景和语境中。比如，一个正常的咖啡壶是用来泡咖啡的，而卡洛曼设计的那个咖啡壶只能放在家里做摆设。

要让机器建立起这种场景与物体功能的关联，我们可能会想到能否给机器附加一个知识库，然后把这些关联都装进去。这是来自符号主义的解决思路。例如，谷歌公司在 2012 年提出了知识图谱的概念。知识图谱的基本组成单位是“实体—关系—实体”三元组，例如“杯子—装—水”，每一个三元组可以被看作一条知识，大量的知识以实体为节点、关系为边构成了网络或者图。这样的图储存了丰富的实体（如各类物体、概念）及其相互关系，同时支持搜索、问答、辅助数据分析等多种不同的计算任务，例如，谷歌提出知识图谱的初衷就是提升其搜索引擎的性能。机器在识别环境以及其中的物体之后，能够通过向知识图谱“提问”得到对象的属性以及可供性等各类知识。但是显然，构建这样庞大的知识库是耗时耗力、代价高昂的，其知识质量也难以保障。

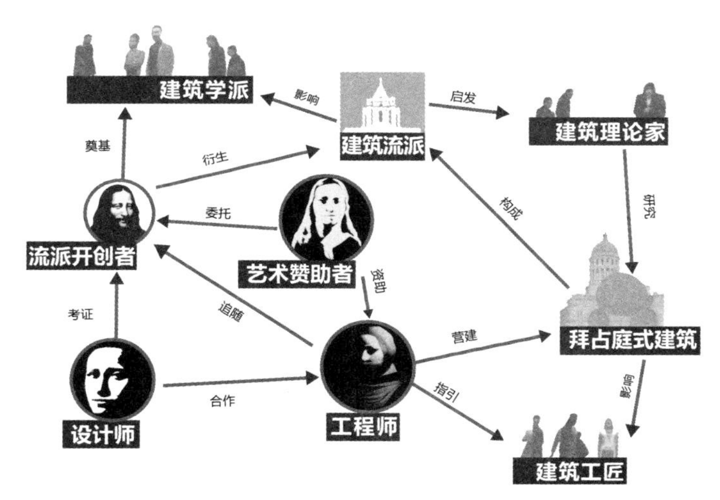


知识图谱示意图

单靠知识图谱，就能真正理解物体的功能吗？毕竟，知识图谱是人工创建的，知识量有限是一方面，另一方面，仅仅记住信息并不代表真正的理解。就像有些同学在学英语的时候，背了“红宝书”“黑宝书”，记下了几万词汇，但这并不意味着能在实际对话中灵活运用这些词汇。同理，一个仅仅存储了物体功能的机器，和一个真正理解这些功能的机器，差别还是很大的。

以我的游泳经历为例，有一段时间我每周游好几次泳，每次都在 50 米泳道上游几十个来回，自认为水性和泳技不错，但我第一次在北戴河下海时狠狠呛了好几口水，差点被淹到。这是因为大海的开放水域与泳池的受限空间截然不同，泳池里的技能并不能完全转化为海中的求生能力。再举一个更为极端的例子。美国的一位著名游泳教练——谢曼·查伏尔，曾长期担任美国奥运游泳队的总教练，他的学生打破了无数的世界和美国纪录。然而，这位泳坛巨擘自己却是个“旱鸭子”。这个惊人的秘密一直保持到一次他被胜利的学生欢庆时抛入游泳池，然后他在水里拼命挣扎，这时候队员才发现：原来他们的教练根本就不会游泳。

“每个字都认识，但是连在一起就看不懂了”，这句话说的就是这个道理吧。该怎么解决呢？

## 建立机器“世界观”

念书的时候常常自驾旅行，每次到一个陌生的地方，想找某个目的地的时候，第一反应都是打开地图看看这个地方在哪儿，有多远，如果可能，查查附近都有啥，能不能顺便买杯咖啡、饮料什么的。

在探讨机器认知时，一个至关重要的概念就是“世界模型”。这一概念，源于心理学家肯尼思 · 克雷克在 1943 年的著作《解释的性质》（*The Nature of Explanation*）中提出的心智模型（Mental Model）。克雷克认为，生物体（包括人类）的思维本质上是在大脑中构建外部世界的一个小模型，并通过这个小模型来模拟事件和预测未来。

简而言之，世界模型是智能体对外部环境的一种内部表示。这种表示包括了智能体所掌握的关于世界的知识、规则以及预期。例如，一辆自动驾驶汽车的世界模型就包含了道路、交通标志、行人等交通元素的表征，以及交通规则等必需的先验知识。它类似于汽车大脑中的一幅地图，帮助它感知周围环境并预测接下来可能发生的事情。系统动力学之父杰伊 · 福瑞斯特曾言：“我们脑海中的世界形象只是一个模型。没有人会在头脑中想象出整个世界、政府或国家。他只有选定的概念，以及这些概念之间的关系，并用这些概念来代表真实的系统。”

事实上，人类也是如此，每个人都是从婴儿时期就开始构建世界模型的。当我们观察到小球掉落、木块漂浮时，大脑就开始建立起物体运动和材料特性的模型；当我们尝试走路、抓取玩具时，我们又在完善自己身体动作和力量控制的模型。随着阅历的丰富，我们的世界模型也变得越来越精细和准确。

但是，由于每个人成长环境不同，因此每个人看到的世界都不一样，我们“看到”的东西很大程度上也取决于大脑预测的结果。20 世纪 40 年代末至 50 年代初，美国曾有大量报道声称有人看到了 UFO（不明飞行物），但这些人基本集中在新墨西哥州。后来据分析，这实际上与当地的高等机密军事研究密切相关，其中一项军事试验是

想象中的 UFO 与现实中的热气球

“莫古尔计划”：美国空军释放装载扩音器的气球至高海拔地区，目的是探测苏联核子试验释放的冲击波。当地居民不了解这些军事试验的具体内容，而这些高科技装备的外形和飞行特性与传统飞行器迥异，因此常被误认为“外星人”。

人们的大脑往往会基于已有的信息和信念体系来解释新的感觉输入，即使闭上眼睛，我们也能在脑海中模拟各种场景。这种能力帮助我们预测未来，规划行动。当你在超市里对比两款洗发水时，大脑正在飞速模拟使用它们的效果。当你思考明天的行程时，大脑则在演练各种出行路线。

当然，我们的世界模型并不完美。它存在偏差，会受到已有知识和经验的局限。但正是这种不完美，驱动着我们不断学习，完善我们心中的地图。这就是所谓的世界观，就像科学家不断推翻旧理论，提出新模型一样，我们每个人也在日复一日地修正自己的世界观。

那机器该如何建立“世界观”呢？

当前阶段，机器学习世界模型的过程主要涉及两个步骤：表征学习和预测。第一，表征学习就像是机器的大脑进行初步加工处理，从原始的高维数据（如图像、文本）中提取出更加简洁和抽象的特征表示。这个过程有点类似于我们将感官信息转换成大脑可以处理的数据。目前，表征学习的热门技术是深度学习，它通过多层次的神经网络自动挖掘数据中的层级特征。

第二，一旦学习到了这些抽象的表征，机器就能使用这些数据来建模和预测现实世界。以无人驾驶汽车为例，通过深度学习技术，它能从车载摄像头捕获的图像流中提取出道路、车辆、行人等关键特征。接着，这辆车可以进一步学习一个世界模型，该模型详细描述了这些物体间的相互作用规则，以此来预测接下来可能发生的情况，比如行人可能会突然穿越马路，或是前车可能会紧急刹车。有了这些预测，汽车便可以提前做出相应的策略调整。

结合世界模型的强化学习则可以显著提升机器的学习效率。强化学习模仿了人类大脑的奖赏机制，智能体通过与环境的互动并根据得到的反馈来优化自身的行为策略。但在复杂环境下，智能体通常需要大量的尝试包括犯错才能学习到有效的策略。利用世界模型，智能体可以在其“内部模拟”中不断试验，评估不同决策的可能结果，类似于人类在脑中进行策略模拟，这样可以显著减少走弯路的次数。这不仅是一场技术的革新，也许还是对智能本质的一次深刻探索。

世界模型还打开了因果律的“新大门”。在这复杂多变的现实世界中，事物间纠缠着各种复杂的因果关系。大卫·休谟曾经说过，很多因果推理也许只是找到了一个恒常连接关系。比如，鸡叫了，太阳升起。鸡叫是不是太阳升起的原因呢？如果你说不是，你怎么知道所谓的地球自转和公转就是所谓的因呢？传统的因果律通常依赖于人工构建的因果图模型，很多时候无法捕捉复杂且非线性的因果机制。通过机器学习的世界模型，我们也许能够从数据中端到端地学习一些因果关系。例如，我们可以训练两个世界模型：一个模拟“原因—结果”的因果方向，另一个则尝试“结果—原因”的逆向模拟。通过比较两个模型的预测效果，我们可以判断哪个方向更为合理。

当然，这只是一个想当然的假设，具体操作起来还有很多难点，其中最突出的便是“黑盒”问题：世界模型的内部工作机制通常是不透明的，我们看到的只有输入和输出，而模型如何得出其预测结果通常难以解释。这不仅使得世界模型在可解释性和可控性方面表现不佳，也意味着它在理解事件间复杂的因果关系上存在根本的局限性。图灵奖获得者朱迪亚·珀尔曾指出，当前的机器学习本质上依赖于统计关联，而非深层的因果推理。例如，一个图像识别系统可能能准确检测出图片中的烟雾，但它无法推断出“烟雾是火灾结果”的因果逻辑。这种局限性导致机器难以适应环境变化，无法将已学习的知识迁移到新的任务中。这就像一个只能按精确流程做饭的厨师，换了个厨房甚至锅就束手无策了。

此外，机器在构建世界模型时极大地依赖人类提供的数据和标注。相比之下，人类婴儿在成长过程中，是通过不断观察、尝试和摸索，逐步建立起对物理世界的直觉理解的。但前文也说了，这种可供性能力是机器所缺乏的。这么一来，当前的深度学习更像是一种高级的曲线拟合技术，而非真正的智能。

所以，要让机器获得更接近人类的物理认知，一个重要的思路是通过自然交互来学习。如果你观察过婴儿的学习方式，你就会发现婴儿并非通过大量语言数据，而是通过观察、操作现实世界来建立物理直觉的。同理，机器也应该走出纯粹的语言和视觉数据，去主动探索三维世界。这需要机器具备视觉、触觉、运动等多模态感知能力，并通过不断试错来纠正和完善自己的物理模型，就像婴儿摸索着学习抓取和行走。

另一个有趣的思路是赋予机器想象力。人类之所以能洞察事物的本质，很大程度上得益于想象力。我们可以在头脑中推演各种假设情景，评估其合理性。未来的人工智能系统，或许也应该具备这种想象和推理能力。通过在虚拟环境中模拟各种物理实验，机器可以不断完善自己的世界模型，预测各种情况下物体的运动轨迹。这种想象能力可以弥补现实数据的不足，让机器获得更全面、更本质的物理理解。

当然，要真正实现具有人类水平的物理认知的人工智能，还有很长的路要走。现有的世界模型还相当粗浅，它们依赖于大规模数据的支撑，明显缺乏灵活的迁移和泛化能力。而人类的物理直觉不仅有先天的基础，还是经过了漫长的进化过程而逐渐形成的。机器要达到这种程度的认知，可能还需要融合神经科学、认知科学等多个学科的深刻洞见。简单来说，一个人走过几次楼梯，就能走世界上的各种楼梯了；但是，当前要想让一个机器能上下楼梯，恐怕就得让它训练所有能训练的楼梯。

## 机器帮助人类提升认知

刚刚我们一直在讨论如何教会机器理解这个世界，并且假设人类在认知方面已经是“优等生”。

为了理解我们所处的世界，人类曾经用过很多手段甚至包括宗教，但是自工业革命以来，比较流行的工具是科学。德国著名哲学家尼采说："科学是一种社会的、历史的和文化的人类活动，它是发现而不是发明不变的自然规律。"事实上，在过去的历史长河中，人类科学家已经有了大量的科学发现，那么我们真的已经能够充分地认知和理解这个世界了吗？

马里奥·克伦等学者认为还不够，2022年他们在《自然评论物理学》上发表了题为《利用人工智能促进科学理解》（On scientific understanding with artificial intelligence）的文章，从哲学角度出发，提出了比科学发现更高层次的认知阶段：科学理解。例如，科学家可能找到一种能用于新材料的分子，这是重要的科学发现，但是当我们有新需求的时候，却无法轻易找到另一种合适的分子。而科学理解则不同，它涉及更深层次的本质理解和认知。

一个令人感到惊奇而振奋的结论是，虽然人工智能目前看起来并不具备人类的认知能力，但其已经可以在通往科学理解的道路上给予人类巨大帮助。这种帮助体现在三个维度。

第一个维度，我们称之为"洞悉之镜"。

为什么用显微镜这个比喻呢？有历史学家曾经高度评价玻璃的发明和使用。作为容器的玻璃制品的发明，意外地使人类发明了望远镜和显微镜。我们因此看到了遥远的

洞悉之镜

太空，看到了宏观的世界，也看到了身边的微观的世界。显微镜，正是用来研究或者呈现肉眼不可见的对象和现象的。人工智能打造了计算的显微镜，为我们揭示了那些传统方法无法可视化或探索的对象和过程。例如，通过高级计算仿真，科学家发现了尖峰蛋白在其不同构象中展现出的新生物学功能，这一发现颠覆了我们对生物系统中聚糖作用的传统理解。

第二个维度，是成为“启迪之源”。

创新思想是科学进步的基石。计算机算法已被证明能系统地激发这些想法，从而极大地加速科技的发展。早在 70 年前，图灵就指出：“机器经常让我感到惊讶。”这一见解如今在多个方面得到了体现。

首先，智能机器具有强大的计算能力，人类在面对一大堆实验数据表格时可能会一筹莫展，但各种统计分析工具能够从数据中发现规律，找到其中隐藏很深的异常情况，很有可能引导人类科学家进入未曾探索的领域。其次，人工智能强大的检索能力使其能够在海量科技文献中找到异常或者有价值的发现（人类个体显然是无法阅读完这么多文献的）。最后，人工智能模型本身以及它们在解决问题时的行为也是值得观察的对象，其可能启发人类科学家发现新的概念。例如在围棋领域，人工智能就给出了很多新的“棋谱”，看起来匪夷所思的落子可能在很多步以后展现其先见之明，人类棋手通过研究这些套路拓展了自身的棋路。

第三个维度，是担当“真理之使”。

在这一维度中，人工智能的作用包括两个关键方面：自动获取新的科学理解以及向人类清晰解释这些理解。

显然，现阶段的人工智能是无法胜任真理之使的，但是这个维度为我们揭示了未来机器帮助人类实现理解自由的潜力。

人工智能的先驱之一唐纳德·米基，在其 1988 年的开创性著作《未来五年的机器学习》（*Machine Learning in the Next Five Years*）中探讨了这种概念。他预见了机器如何将洞察力转化为人类可用的知识，进而将人工智能算法划分为三个层级，包括弱机器学习、强机器学习和超强机器学习。弱机器学习主要通过处理大量训练数据来提高预测的准确性，这一层级的算法通常被视为黑盒子，其内部工作机制对于使用者来说是不透明的。强机器学习则要求算法提供其假设的符号表示，如通过逻辑表达式或数学公式来表述。最高层级的超强机器学习，旨在使算法不仅能从数据中学习，还能教导人类操作者，使其在特定任务上的表现得到显著提升。

随着具身智能的发展，人与机器之间的互动变得日益密切和深入。有理由相信，在不远的未来，凭借人工智能的协助，人类将能够实现更深层次的科学理解。人工智能作为真理的传递者，不仅能够帮助我们解锁科学的复杂性，还能在这一过程中创造全新的科学知识，最终实现人机协作，洞悉万物。

# 第八章
# 决策

我们每天都在做无数个决策，又不断后悔有些曾经做过的决策。这些决策，无论大小，都是我们生活的一部分，它们塑造了我们的过去，影响着我们的现在，并决定着我们的未来。

这些决策是怎么做出的？这个问题至今都未得到完美答案。如果简单来说的话，人类的决策过程可以被看作一系列复杂的思维活动和情感反应的综合体现。

首先，决策始于一个问题或需求的识别。我们感知到某种不平衡或欲望，这激发了我们寻找解决方案的动力。这种识别过程可能非常直观，比如感到饥饿时寻找食物，也可能相当抽象，比如追求事业上的获得感。

其次，我们进入信息收集阶段。大脑像一个高效的信息处理器，它会筛选、分析和存储与决策相关的信息。这个过程可能包括对过去经验的回忆，对当前情况的评估，以及对未来可能结果的预测。

再次，我们评估各种可能的选项。在这一步，我们会权衡每个选项的利弊，考虑它们与我们价值观的一致性，以及它们可能带来的后果。这个过程可能会受到我们情绪状态的影响，比如恐惧、希望或欲望，这些情绪可以加强或削弱某些选项的吸引力。

最后，我们做出选择。这个选择可能是明确的，也可能是模糊的，有时甚至是直觉驱动的。我们的大脑在这个过程中会进行快速的计算，比较不同选项的相对价值，并选择那个在当前情境下看似最佳的答案。

诺贝尔经济学奖得主丹尼尔·卡尼曼写了一本书《思考，快与慢》，探讨了人类做决策的两种模式：快速、直觉的“系统 1”和缓慢、逻辑的“系统 2”。在我们做出选择时，这两种系统往往相互交织，影响着我们的决策过程。

系统 1 是自动的、快速的，它依赖于直觉和情感，能够在瞬间给出反应。它让我们能够在不经过深思熟虑的情况下，对环境做出快速的反应。比如，当我们看到一条蛇时，系统 1 会迅速触发逃跑的反应，这是一种生存本能的体现。

而系统 2 则是缓慢的、逻辑的，它需要我们集中注意力，进行复杂的计算和分析。当我们面临重大决策时，比如选择大学专业或者职业道路，系统 2 就会启动，帮助我们权衡各种因素，做出更加理性的选择。

前些日子开会的时候，我听了中国人民大学文继荣老师的报告，他讲了快思考和慢思考，让我很受启发。丹尼尔提到的这两种系统并非总是和谐共处的。系统 1 虽然快速，但有时也会因为认知偏差而导致错误的判断。系统 2 虽然理性，但也会因为信息过载或计算能力的限制而做出次优的选择。

因此，我们会不断地在这两种模式之间切换，试图找到最佳的平衡点。我们可能会在直觉的驱使下做出快速的选择，然后通过理性的分析来验证和调整这些选择。不管怎么样，最后，我们一定会实施决策，并根据结果进行反馈和调整。实施结果会反馈给我们的大脑，如果结果符合预期，我们可能会感到满意和自信；如果结果不如预期，我们可能会感到失望和后悔，从而在未来的决策中进行调整。

有句话说，你的人生就是由大大小小的决策塑造的。但除非有平行宇宙，不然谁也不知道自己在没有选择的那条路上会看见什么风景，会遇见什么样的人，会经历怎样的故事。

现在，机器智能体出现了，它能帮助我们“预演人生”吗？

## 机器如何做决策

虽然我们希望机器能像人一样灵活地做决策，但是当前的计算机和人脑在许多基础架构上有本质的不同。从图灵机的设计可以看出，计算机更擅长于模拟数学计算的过程。而在记忆和处理信息的方式上，机器和人脑有着明显的差异。人脑擅长于推理和抽象，而机器则在高速运算和存储大量数据方面表现出色。人脑有“遗忘”的功能，这个功能很神奇。有些事情你暂时忘了，说不定什么时候，你还能想起来。机器没有这个功能，机器在做决策的时候，需要“决策模型”的支持。

什么是“决策模型”？具体而言，机器要做决策，就必须去学习一个特殊的“函数”，这个函数长什么样子我们先放在一边，就把它当作一个黑盒子；然后机器要将当前观察到的状态信息（例如各类传感器采集到的数据，包括图像、声音等），也就是我们前面所说的“感知”的部分，放进这个黑盒子，它就能够告诉机器下一步要做什么。这样的特殊函数我们通常称为“策略”，即决策模型。

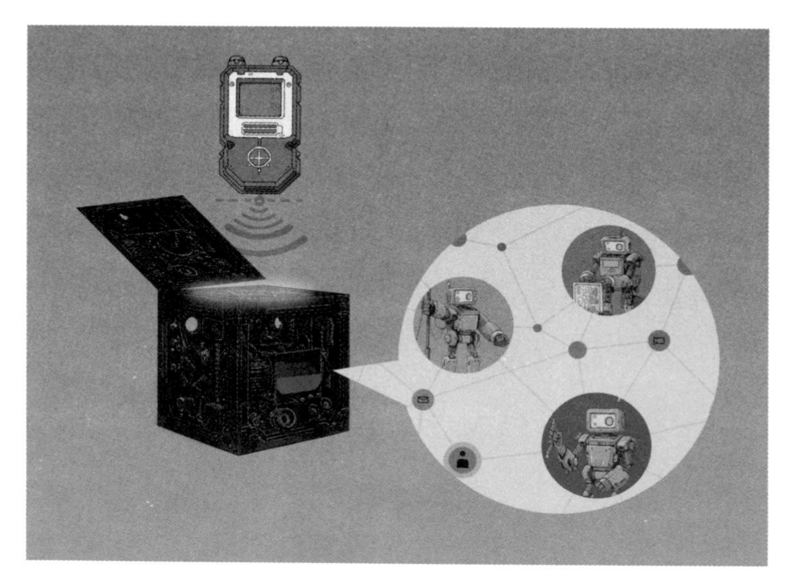

机器决策示意图

决策模型通常与以下三个方面紧密相关。

**任务目标。**这是决策的出发点和归宿，它定义了智能体要达成的最终目的。

**环境状态。**智能体需要理解当前所处的环境状态以及自身的状态，这是决策的基础。

**自身能力。**智能体需要清楚自身的能力范围，包括能够执行哪些动作，以及这些动作可能带来的效果。

为了更形象地理解决策模型，不妨回想一下你每次走进清华校园时，保安小哥向你提出的“灵魂三问”——“你是谁？”“你从哪里来？”“你要到哪里去？”。这三个问题实际上正是决策模型需要回答的三个关键问题。

“你是谁？”对应于智能体的自我认知，即了解自己的身份和能力。

“你从哪里来？”对应于环境状态的理解和评估，即智能体对当前情境的感知。

“你要到哪里去？”对应于任务目标的设定，即智能体要达成的目标或到达的目的地。

通过对这三个问题的回答，智能体就能够构建起一个决策模型，以指导自己在复杂多变的环境中做出最合适的行动选择。

对于构建决策模型，机器学习领域已经发展出多种方法来模拟和优化这一过程。其中，模仿学习和强化学习是两种重要的方法，它们各自以独特的方式帮助机器掌握决策的艺术。

具体而言，模仿学习是指机器通过分析大量的人类决策数据，学习如何在特定的情境下做出合适的选择。这种方法使得机器能够在没有明确编程指令的情况下，逐渐掌握复杂的决策技能。模仿学习的一个关键优势是它的直观性。通过模仿专家的行为，机器可以快速地获得一个有效的决策策略，而无须从头开始探索。当然，这种方法有很大的局限性，那就是机器可能过于依赖模仿对象，缺乏对策略深层次理解的能力。

强化学习则是通过奖励和惩罚来引导机器的行为，使机器能够在不断尝试和犯错误中学习最优的策略。这类似于人类通过经验学习的过程，但机器相比人类能够处理更大规模的数据，并在极短的时间内完成学习。强化学习让机器能够在复杂的环境中做出快速而准确的决策，甚至在某些情况下超越人类的表现。

我们的机器，就像一个从襁褓中逐渐成长起来的孩子，在对这个世界进行初步的感知和认知构建之后，它勇敢地迈出了探索这个既残酷又真实的世界的蹒跚步伐。

## 从模仿中学习

2001 年有一部电影叫《复制人》(*Replicant*)，尚格·云顿饰演的角色使用克隆技术制造了一个杀人狂的复制体，希望通过观察其行为找到原始杀人狂并将其逮捕。这种科幻情节为我们引入了一个非常直观的学习方法：行为克隆。这属于模仿学习的一种，其基本思想是让智能体直接拷贝示范者的行动，类似于临摹一幅画作。

在行为克隆这种模仿学习的过程中，设想我们的决策模型是一个由神经网络 $\pi_\theta$ 构成的黑盒子，其中 $\theta$ 代表网络参数。这个网络接收智能体观察到的状态 s 作为输入，这些状态可能包括环境信息、智能体的位置、姿态等。而网络的输出，则是智能体在给定状态下应采取的行动。

为了训练这个模型，我们需要构建一个专家示范数据集，它包含了一系列的状态-动作对，形式为 $D=\{(s_i, a_i) \mid i=1,\cdots,N\}$。这些数据对描述了在特定情况下人类专家会如何行动。我们的目标是让机器学习并克隆这些选择。

训练这个模型的过程，可以类比为培训一位会做饭的大师傅。假设这位厨师（神经网络）需要学会制作多种菜肴（动作），而菜谱（专家示范数据集）则详细记录了每道菜的烹饪步骤（状态-动作对）。通过不断实践和调整烹饪技巧（网络参数），我们希望厨师能够在给定食材（状态）的情况下，精确地复制菜谱中的菜肴（动作），使最终的菜品尽可能接近原菜谱的标准。

尽管行为克隆在模仿已知动作上表现出色，但它的泛化能力非常弱。什么是泛化能力呢？简单来说，你在少数场景中获得的认知，能否扩展到更多场景中有效使用呢？比如，一个七八岁的小朋友，从出生以来还没有见过楼梯，但只要你让他学着上几次楼梯，他就会掌握几乎所有楼梯的上行方式。机器可就不行了，在机器学习中，这种现象被称为协变量偏移（covariate shift）。现实世界的交互对于机器来说是复杂的，训练集无法涵盖所有可能的情况。当智能体遇到与训练样本分布不同的数据时，行为克隆的策略网络就会出现显著的误差。

《复制人》中也有类似的情节：杀人犯与他的克隆人在一处阴暗地下室里对峙。杀人犯抚摸着克隆人的脸，情绪复杂地说："你就是我的家人。"克隆人则用一种茫然和无助的眼神回望，他虽然拥有杀人犯的外表和 DNA，但内心却充满正直和善良。这一幕揭示了即使表面完全相同，内在的差异仍然显著。这与行为克隆在机器学习中的局限性相似——外部行为可以模仿，但内在的适应和理解却难以复制。

此外，行为克隆还面临着复合误差（compounding errors）的挑战。什么是复合误差呢？在每个时间步骤中，由于环境的微小变化或初始的误差，错误可能会逐步累积，导致智能体的行为与理想路径产生越来越大的偏差。这就像学习画画时，如果一开始眼睛的比例画错了且没有及时纠正，这个错误就会影响到接下来的鼻子、嘴巴等其他部分的位置和比例，最终整个面部比例都会偏离真实，导致作品与预期相去甚远。

## 新的进展

模仿学习作为人工智能领域的一项关键技术，近年来取得了显著进展，特别是在提高智能体的泛化能力和可靠性等方面。

首先来看泛化能力。在模仿学习中，智能体面临的一个大问题是它在遇到前所未有的情况时可能表现得手足无措，毕竟人类专家不可能在演示的过程中把所有情况都考虑到。举个例子，无人驾驶汽车在遇到道路临时施工导致车道变窄时，可能会犹豫不前，而不是像老司机一样得空就过。实际上，这也不能怪机器人，即使是人类老司机，遇到前车打左转向灯却突然向右变道这种情况，多半也会感到困惑。

为了解决这个问题，DAgger 算法应运而生。它的基本思想是通过不断扩展训练数据集来缓解问题。DAgger 算法的核心在于，让学习者执行自己的策略，这样就能遇到许多原先未曾预见的情况。一旦遇到这些新情况，就再次请出“老师”——人类专家，来展示如何应对。这些新收集到的训练案例随后被合并到现有的训练集中，智能体通过迭代学习不断更新自己的策略。这个过程与人类教育中的“实践—反馈”循环颇有相似之处，老师不仅要讲授知识，更要在学生经历失败后提供指导，以达到更高效的学习效果。

除了 DAgger 这样的学习策略，智能体的学习模型也在不断创新。例如，扩散策略（diffusion policy）算法将扩散模型（diffusion model）引入具身智能领域。扩散模型原本在图像生成领域取得了巨大成功，现在则被用来为智能体生成动作，也展现出了一定的潜力和效果。

扩散模型这个词可能听起来有点儿生僻，但提起 Sora，相信很多人都有所耳闻。Sora 是一款能够根据用户的文字描述生成逼真视频的人工智能工具，其核心技术就是扩散模型。那么，扩散模型究竟是如何发挥作用的呢？让我们通过生成一张图片的过程来简单揭秘。

我们首先随机抽取一张图像（就是给每个像素随机赋一组 RGB 值），直观上就类似于老电视的雪花屏那样的效果。接着，我们逐步为这张“雪花”图像“减噪”（对应每个像素的噪声可以是正数也可以是负数，因此不用担心越减越小，以至于变成一张纯黑的图片）。每一轮迭代中，我们只减去微小的噪声，所以图像的变化看起来并不显著，但随着这个过程的不断重复，奇迹发生了——我们最终得到了一张充满意义的图片，可能是一幅逼真的人像，或者是一座梦幻般的未来城市。

这个过程听起来是不是很神奇？你可能会好奇，每一轮迭代中要减去的噪声是从哪里来的。这些噪声可不是随机的，它们是由一个神经网络精心设计的。这个网络之所以能如此精准，全赖于它之前接受的大量图片训练。如果想要生成的图片与我们输入的文本描述相匹配，我们还需要一个编码器，它负责将文本中的信息编码并融入整个图片生成过程。

现在，让我们把目光转回具身智能上。既然扩散模型在图像和视频生成领域已经展现出了它的强大能力，那么是否能让它为机器生成动作呢？答案是肯定的。扩散策略的工作过程与图像生成类似，我们首先随机抽取一个动作序列，这可以被想象成一串杂乱无序的随机数，相当于给了一个空白的动作模板让扩散模型去填充。同时，我们输入当前观察到的状态作为条件，比如摄像头捕捉到的画面，或者机器自身的姿态等信息。然后，模型通过迭代去噪，逐步生成最终的动作序列，就像图像生成过程中逐步输出像素值一样。当然，要生成合理的动作序列，我们需要大量的专家演示样例来训练模型，这样模型不断输出的噪声就能够有效地引导动作序列，使其逐渐变得正确而连贯。

输入：图像观察序列

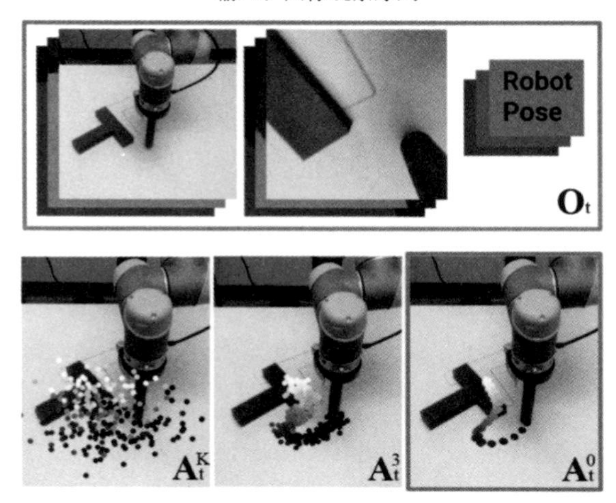


输出：行动序列

**扩散策略方法示意图**

图片来源：C. Chi, et al., "Diffusion Policy: Visuomotor Policy Learning via Action Diffusion", RSS, Daegu, Republic of Korea, July 10 - 14, 2023。

斯坦福大学的"炒虾机器人"项目（ALOHA和Mobile ALOHA）进一步展示了模仿学习在实际应用中的潜力。ALOHA系统由两个机械臂和远程操作器组成，能够通过少量的人类演示样例快速学习技能。从图中我们可以看到，操作人员手抓住后面的远程操作器做动作，就能够控制前面的两个机械手完成各种任务。这个过程就像是置身于科幻电影《环太平洋》中，驾驶着巨大的机甲战士（电影中采用的是神经联结方式）。在这一过程中，人类的操

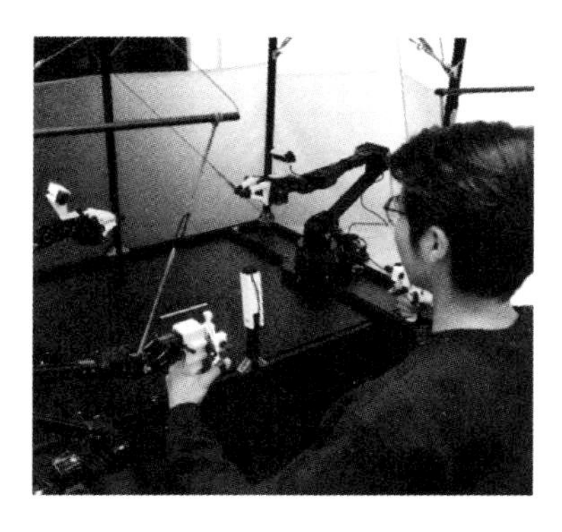

ALOHA 的硬件系统

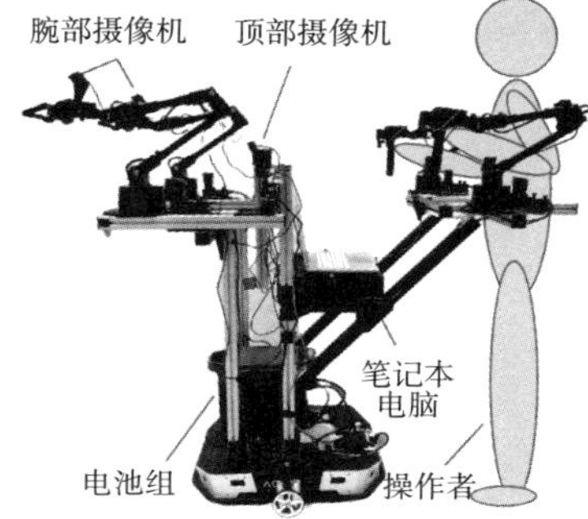


Mobile ALOHA 系统示意图

图片来源：T. Z. Zhao, et al., “Learning Fine-Grained Bimanual Manipulation with Low-Cost Hardware”, RSS, Daegu, Republic of Korea, July 10 - 14, 2023; Z. Fu, et al., “Mobile ALOHA: Learning Bimanual Mobile Manipulation using Low-Cost Whole-Body Teleoperation”, PMLR CoRL, Munich, Germany, November 6 - 9, 2024。

作被记录下来，转化为智能体学习的训练数据。

为了和前面所说的复合误差做斗争，ALOHA 开发团队提出了一种称为 ACT（Action Chunking with Transformers）的算法。Action Chunking，即动作分块，是一个借鉴神经科学的先进概念，它通过将一系列单独的动作组合成一个执行单元，提升动作的存储和执行效率。这种方法类似于打篮球时，一个精妙的上篮动作包括跑动、跳跃和投篮，这些动作被球员作为一个连贯的技能来掌握，而不是被分解成单个肢体的简单运动。虽然这看起来是理所当然的，但是很多基于机器学习的决策模型却不是这样做的，它们每次输出单独一个关节很小的运动或者某部件沿固定方向的一小段位移。将行动切分地过细，就需要频繁进行决策，使得任务轨迹变长，从而增加了出现复合误差的概率。ACT 算法能有效提升决策模型的可靠性，并因其成组动作的丰富语义，增强了决策结果的可解释性。正如研究者所展示的，通过数十次的演示学习，ALOHA 就能够掌握如将电池插入电池舱这样的任务。

为了提高 ALOHA 的移动性，研究者又开发了 Mobile ALOHA，为其添加了移动底盘。同时，研究者在训练的时候使用了一种联合训练的方法，能够重复利用 ALOHA 系统采集的静态训练数据集，与加了移动底盘之后采集到的新数据一起训练，提高了训练的效率。这使得机器人能够在没有人类直接操控的情况下，自主完成家务等任务，这就实现了从模仿学习到自主操作的转变。

即便如此，能让我们彻底从家务中解放出来的机器人也还没有做出来，其中的挑战主要包括机器人对复杂环境的适应能力、对未知情况的处理能力，以及在持续学习过程中的稳定性和效率。

这就不得不提到机器学习的另一种学习范式——强化学习。正如恩格斯所指出的："首先是劳动，然后是语言和劳动一起，成了两个最主要的推动力，在它们的影响下，猿脑就逐渐地过渡到人脑。”如果说劳动是人类大脑的健身教练，那么强化学习就是机器大脑的健身教练，它能通过鼓励智能体在环境中进行探索和尝试，获得最大的累积奖励，从而推动智能体策略的优化和智能的提升。

## 强化学习

人类最早什么时候吃到由雷电或者山火导致烧焦的肉，并无具体记载，估计那个时候还没有文字，但是人们肯定是感受到了美味，甚至逐渐感悟到了熟的东西更容易被消化和吸收，从而开始追求吃熟的食物。和模仿学习相比，在交互中学习的方法具备更多的探索意味，学习过程可能会经历大量的挫折，但是却能够给我们带来新的知识和技能。

强化学习，正是人类探索精神在人工智能领域的体现。它鼓励智能体在与环境的互动中，通过反馈信息来调整自己的行为，以实现目标。这种学习方式可以被形象地理解为一种试错的学习过程，智能体通过不断尝试和犯错，逐步学会如何在复杂的环境中做出相对最优的决策。

自 20 世纪 60 年代起，强化学习这一概念开始在学术文献中崭露头角。其中，马文·明斯基在 1961 年发表的开创性论文《迈向人工智能》（Steps toward artificial intelligence）中，多次提及了强化学习设备和系统。就在刚刚过去的 2024 年 7 月，我们还非常幸运地邀请到了明斯基的得意弟子之一——曼纽尔·布卢姆老先生来给我们做讲座，我们向他请教了很多当年创建这些思想的时候他们之间的讨论。明斯基是毫无疑问的传奇，曼纽尔老爷子作为他的弟子，也创造了奇迹：自己得了图灵奖，三个学生也得了图灵奖（其中就包括发明 RSA 算法的三个人当中的“A”——伦纳德·阿德曼）。老爷子闲聊的时候喜欢提及两件小趣事：一件是他在麻省理工学院上纳什的微积分课时，纳什一定要花很久甚至长达 10 分钟才能把一个圆画好，而且有一次站在窗口很久，和他们说，你们看那个雪花飘下来，多么优美的动作，曼纽尔觉得那个时候纳什的精神世界和普通人很不一样；还有一件就是明斯基在实验室里摆弄那些机器的手和讲强化学习。这些早期的研究为后来的强化学习技术奠定了基础。

人类或者智能体与环境的交互过程极为复杂。为了使这一过程“可计算”，强化学习对其进行了抽象和建模。通过下面这张图，我们可以比较直观地理解强化学习是如何在智能体和环境之间建立起联系的。

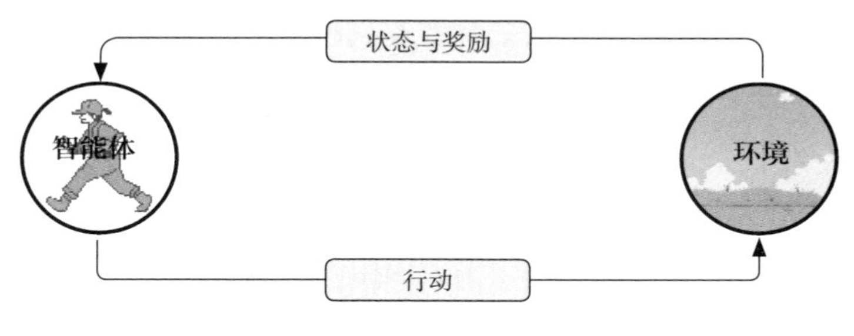


强化学习示意图

在强化学习的设定中，智能体和环境是两大主要元素。智能体不仅仅是一个被动的存在，它拥有行动的能力，能够根据某种策略做出选择。无论是轻巧地移动一步，优雅地拿起一只杯子，还是精明地放下一颗棋子，这些行为都被视作智能体的行动。而任何的行动都会留下痕迹，即改变环境。正如苏轼在“人生到处知何似，应似飞鸿踏雪泥”中所描绘的“雪泥鸿爪”，每一个行动都会在环境中留下痕迹，改变其原有的状态。这些行动的后果，我们称之为状态的变化或转换，即环境从一个状态演变到另一个状态。

我们假设智能体能够感知到环境的部分状态，虽然这种感知可能并不完美，有时也被称作“观察”。这样的感知能力使得智能体能够基于当前状态做出决策，形成一个智能体与环境互动的循环：智能体依据策略行动，引起环境状态的变化，然后智能体观察这些变化，以此作为下一步决策的依据。

我们似乎遗漏了一个关键的角色——奖励。在强化学习的剧本中，每当智能体执行一个行动，它都会从环境中获得奖励。这个奖励通常是一个数字、一个标量，它像一面镜子，能够反映出智能体行动的效果，帮助智能体评估其行动的好坏。实际上，在许多强化学习的场景中，奖励是由设计者根据任务目标人为设定的。

以我们经常看到的街边套圈游戏为例。游戏中的玩家就是智能体，他们的行动是抛出塑料圆环。圆环的落点改变了环境的状态，无论是落在空地上还是套中某个奖品，都代表着环境状态的转移。玩家可以观察到这些状态，并根据圆环的落点获得奖励。在强化学习的场景中，智能体

套圈游戏

获得的不是实物奖品，而是一个代表其行动效果的数值奖励。如果套中了价值较高的奖品，这个数值可能很高；如果圆环落空，数值可能为零，甚至可能是负值。这样的奖励机制为智能体提供了反馈，指导它做出更有利于完成任务的决策。

当然，现实世界的决策远比套圈游戏复杂。在需要多步骤完成的任务中，智能体往往需要在短期收益和长期收益之间做出权衡，如下棋时的策略选择。因此，强化学习需要智能体从与环境的互动中高效地学习规律，不断优化行动策略。

通过以上介绍，我们对强化学习的基本设定有了初步的了解。接下来，我们将深入探讨强化学习背后的思想和原理。

## 何为强化

你在扔纸飞机的时候，会不会冲着尖头哈一口气，再使劲地扔出去？

有人说，这个赋予纸飞机“灵魂”的动作是可以让它飞得更远的。但是如果仔细观察，你会发现这样的哈气动作不仅仅存在于扔纸飞机的时刻，很多人在掷骰子、抽签等情况下都会下意识地做同样的事。为什么呢？在央视《开讲啦》节目中，中国工程院院士、歼-15 舰载机总设计师孙聪给出的权威回答是“纯粹是图个吉利”。

这种“图个吉利”的行为确实很难说有具体原因，它更多源于我们对行为与结果的心理联想。就像某些足球运动员上场前一定要摸一摸草皮，再亲吻一下自己的戒指，这样的行为在心理学上被称为“强化”。

“强化”这一概念，最早是由心理学大师斯金纳提出的。作为行为主义心理学的标杆人物，斯金纳提出了以操作性条件反射为核心的学习理论。他的这些理论在其标志性的著作中得到了充分展现，包括《有机体的行为》（1938 年），《沃尔登第二》（1948 年），以及《科学与人类行为》（1953 年）。斯金纳通过观察发现，行为的形成和演变主要是通过个体与环境的互动及其反馈来实现的。

自 20 世纪 20 年代起，斯金纳便开始了对动物学习行为的实验研究。他设计了一种著名的实验装置——“斯金纳箱”。在这个箱子中，小白鼠可以自由活动。箱子内部还装有一个特殊的按键或杠杆，当小白鼠按下杠杆时，就会有一团食物掉落进箱子下方的食盘中，作为对小白鼠行为的奖励。实验结果显示，小白鼠按压杠杆的行为随着时间推移而概率增加。斯金纳将这种现象称为操作性条件反射，即动物首先做出某种操作反应，随后受到环境的强化，导致该反应的概率增加。

这种操作性条件反射与巴甫洛夫的经典性条件反射有着本质的区别。在巴甫洛夫的实验中，狗是因听到铃声（条件刺激）而分泌唾液（条件反应）的，这是一种由外部刺激引发的反应。而斯金纳箱中的小白鼠则是通过自己的行为来获得奖励的，这是一种由个体行为引发的学习过程。

心理学家爱德华·桑戴克也有类似的发现，他通过名为“效果律”（law of effect）的理论描述了行为与后果之间的关系。和薛定谔一样，桑戴克也是个著名的“爱猫人士”：他把一只饿了几天的猫关在一个迷笼里，出口的地方放着小鱼干，笼内有一个开门的机关，碰到这个机关，笼门便会开启。开始，小猫无法走出笼子，只是在里面乱碰乱撞，偶然一次碰到机关打开门，便得以逃出去吃到鱼。经过多次错误尝试，小猫终于学会了怎么碰到正确的机关以打开笼门。

桑戴克用曲线图来表现这个学习的过程，随着尝试次数的增加，做出动作所用的时间逐渐减少，这也叫作学习曲线（learning curve）。

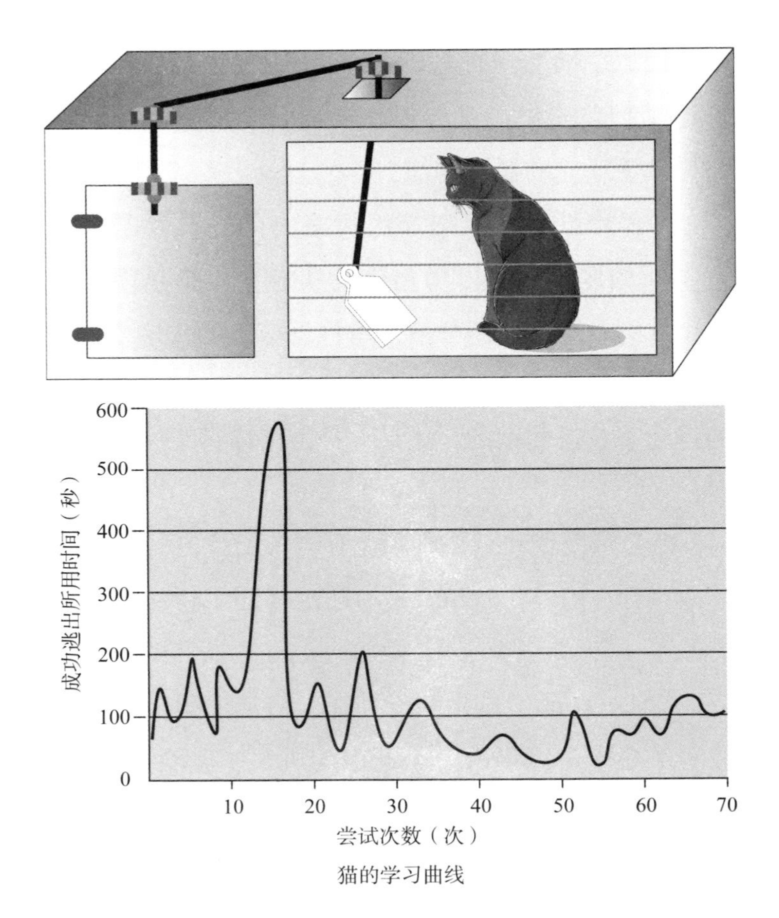


**桑戴克的猫学习实验**

无论是斯金纳的小白鼠、桑戴克的猫，还是更有名的巴甫洛夫的狗，这些都展示了行为心理学的一个核心观点：我们的行为在很大程度上是由外界环境的反馈塑造的。

## 实例：格子迷宫

了解了强化的思想之后，我们通过一个走迷宫的例子来更好地理解强化学习问题以及其中的几个核心概念。

如下图所示，设想一个机器人置身于一个由格子构成的迷宫中，它的任务是从标有“开始”的起点格子出发，寻找一条通往标有“目标”的终点格子的有效路径。迷宫中的每一步，机器人都可以选择向四个基本方向之一移动一格，或

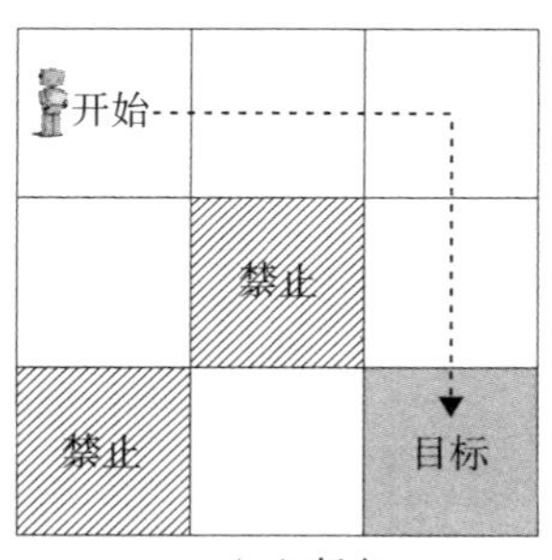

（a）任务

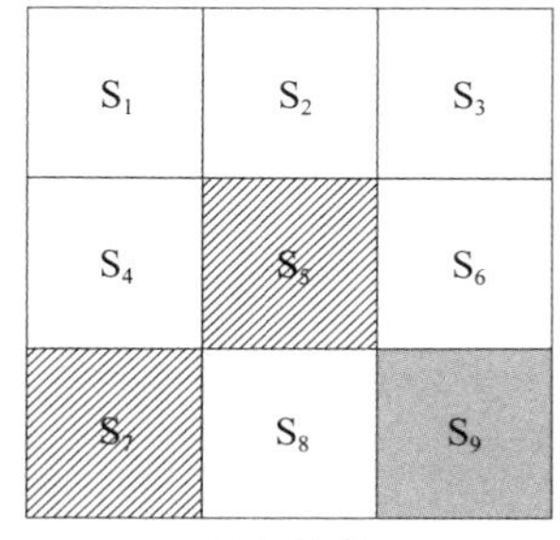

（b）状态

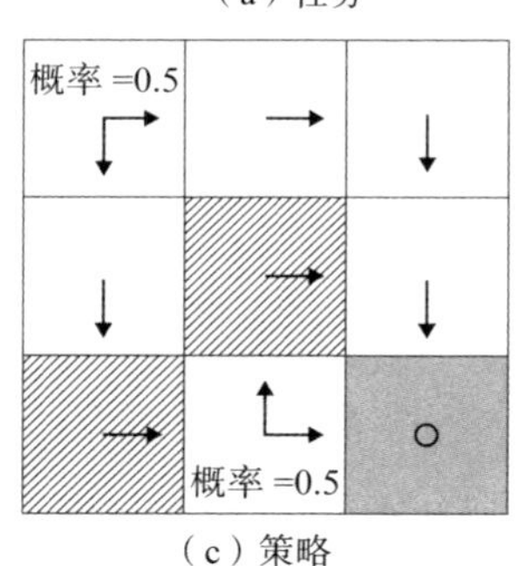

（c）策略

**格子迷宫示意图**

者选择不动。为了增加任务的复杂性，迷宫中还特别标记了一些“禁止”格子，这些区域可能隐藏着危险或导致任务失败的障碍，我们希望机器人能够尽量避开这些区域。

那么，什么样的路径可以被称为“好”的路径呢？理想情况下，这条路径应避免触碰边界和“禁止”格子，减少不必要的迂回，并且尽可能地缩短行进距离。显然，单次尝试是不足以规划出整条路径的。

接下来，让我们在格子迷宫的背景下介绍强化学习的几个关键概念。

（1）状态（state）。机器人所在的格子位置。

（2）行动（action）。机器人选择向上、下、左、右移动一格或停留在原地。

（3）状态转移（state transition）。机器人根据执行的行动而改变其所在的位置。

（4）策略（policy）。根据机器人当前所处的状态，决定下一步的行动方向。例如，上图中的箭头就表示了一种可能的策略。

（5）奖励（reward）。机器人执行行动后获得的反馈数值，用以评估行动对完成任务的贡献程度。在本例中，奖励定义如下：

*如果行动令机器人试图离开边界*：$r_{bound}=-1$

$$\text{如果行动令机器人进入禁止区域：}r_{forbid}=-1$$

$$\text{如果行动令机器人进入目标区域：}r_{target}=+1$$

$$\text{其他情况：}r=0$$

（6）轨迹（trajectory）和回报（return）。轨迹记录了机器人在一次任务执行中所经过的完整路径，包括它所经过的每个格子、在每个格子采取的行动以及获得的奖励。回报则是轨迹中所有奖励的累积和，通常我们会对较远的奖励乘以一个折扣因子，这时的回报称为折扣回报。从图中我们可以看到，本次走迷宫一共执行了 4 次移动，状态从 $S_1$ 途经 $S_2$、$S_3$、$S_6$，最终转换到了 $S_9$，即目标状

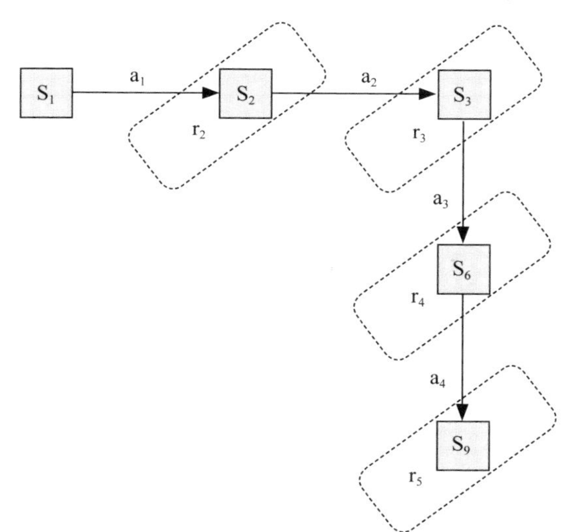


轨迹、奖励与回报示意图

态，共获得 4 个奖励。

这个例子是简化的版本，实际上它非常有意义。我们团队在搭建全球最早的地下煤矿物联网系统的时候，就发现一个很新颖的场景，即具身导航，这个导航和我们用的 GPS（全球定位系统）导航不一样，不是给了两个坐标算一条或者几条路径，而是给了一个目标逃出去，或者至少先活下来。人该怎么走？如果是用机器设备来辅助人逃出去，该怎么为人决策每一个行动？如果与外界相对隔离的多个人员还能交互，如何在尽可能保存体力的情况下更好地协作逃生呢？从这个角度来说，日常我们使用的导航，就是一个具备相对全局信息的特例了。

在强化学习的几个关键概念中，“轨迹和回报”尤为重要。正如爱德华·洛伦茨所提出的“蝴蝶效应”理论：一只

**蝴蝶效应**

在南美洲振翅的蝴蝶，可能在得克萨斯州掀起一场龙卷风。所以，在做出当前决策时，我们需要综合考量之后可能发生的各种情况及其累积奖励。这正是“运筹帷幄，决胜千里”的智慧所在。轨迹和回报为我们提供了这样的视角。

小作业：你当前有什么棘手的任务吗？不妨试试用格子迷宫来帮你完成目标。

## 精确还是混沌？

不过，既然“轨迹和回报”能够反映出一系列行动的优劣，那么我们的决策模型直接选择一条预期回报高的轨迹不就行了吗？事情远没有这么简单。我们实际上无法预知未来的轨迹究竟如何，无法预测环境状态将如何演变，甚至无法确定自己在遥远的将来会采取哪些行动。我们能够把握的，唯有当下的这一次行动机会。

如何利用这仅有的一次行动机会来创造最大的价值，正是决策模型所要解决的问题。那么，我们该如何面对未来的不确定性呢？答案在于求期望（expectation）。期望是概率和统计理论中的核心概念，通过计算期望，我们可以对未知的未来进行一个“平均值”的估计。

由此，我们引入了一个新的概念：状态–行动值（State-

Action Value，简称 Q 值）。Q 值的定义为智能体在某一状态 s 采取行动 a 后，所有可能轨迹的折扣回报的期望。显然，Q 值可以作为衡量行动优劣的一种指标。那么，当智能体处于某个状态 s 时，选择 Q 值最大的行动不就是最佳策略吗？这也正是许多强化学习算法背后的基本思想。

讲到这里，我们可以发现强化学习与人类思维方式的显著差异，而这种差异本身非常有趣。人类在采取每一个行动时，都是基于某种理由，这些理由可能是宏观的战略考量，也可能是短期的战术规划。这样的理由可能多种多样，但通常可以用自然语言来表达（当然，直觉这种难以言表的因素除外）。

而对于采用强化学习的智能体来说，其决策依据是未来所有可能回报的期望，这是一个数字，相当于将未来所有可能发生的情况——包括可能的行动、环境状态的变化等——都凝聚为一个数值，只需比较大小即可做出决策。对于人类而言，这种决策过程可能给人一种知其然而不知其所以然的感觉。例如，在棋类比赛后，棋手可以复盘讲解自己的思路，甚至可以追溯到童年的一段经历；而如果你问 AlphaGo 为何走某一步棋，它可能会像许多科幻电影中的超级人工智能一样简洁地回复，“经过大量计算推演，当前局面下，在某处落子具有最大的赢面”。

可以说，机器是在以纯粹的目的追求最优解，每一次迭代，每一次学习，都是向着更高效、更精准的水平迈进。但是，世界之所以美好，是因为那些可以被精确计算和优化的秩序，还是因为那些不可预知、充满变数的混沌呢？

## 贝尔曼方程

虽然我们定义了 Q 值并且了解了它的作用，但我们仍然不知道该如何估计它，一切仿佛回到了原点。正当我们感到迷茫之际，被誉为动态规划之父的数学家理查德·贝尔曼以其提出的贝尔曼方程为我们指明了方向。贝尔曼方程不仅是动态规划这一数学优化方法的核心，更是实现优化的必要条件。这个方程有多种形式，下图中的表达式就是其中一种形式，即关于 Q 值的贝尔曼方程。我们这里选择介绍它是为了和前文中通过估计 Q 值选择最优行动

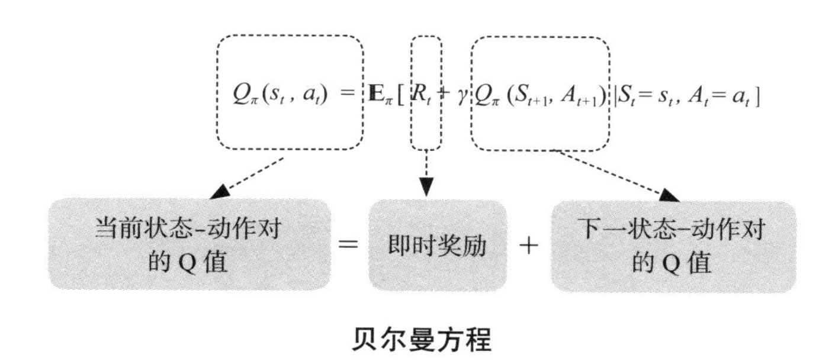


贝尔曼方程

的思路保持连贯。事实上，很多教程会以关于 V 值（状态值，state value）的贝尔曼方程为例来介绍其定义和求解方法等。

我们可以看到，通过求解这个方程，我们便能获得在当前状态下选择不同行动的 Q 值，选择 Q 值最大的行动即为最优策略。

贝尔曼方程中出现了一系列符号表达式，该如何理解这个方程的含义呢？我们首先来做一项观察。在强化学习的世界里，具身智能体与环境的交互实际上是一个连续的状态转移过程。这个过程被建模为一个马尔可夫决策过程（Markov decision process，MDP）。简单来说，随着智能体的每一个行动，环境和智能体的状态都在不断变化。马尔可夫决策过程可以直观地表达为状态转移图的形式。我们还是以刚才的格子迷宫作为例子。

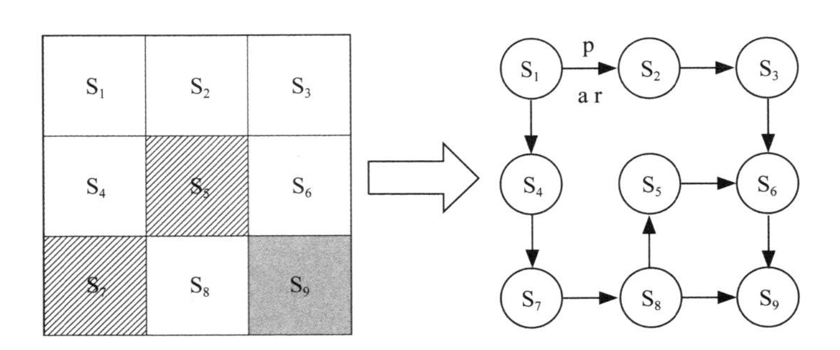


马尔可夫决策过程的示例

我们之前已经介绍过，在强化学习的世界里，智能体所处的格子位置被称为状态。因此，位置的变动代表着状态的转移。这里有一个关键的假设——马尔可夫性，它告诉我们在马尔可夫决策过程中，每次状态的转移只依赖于前一个状态，而无须考虑更早的历史状态。从图中可以看出，一个状态可能通过不同的概率（p）转移到多个其他状态，这种转移不仅取决于概率本身，还与智能体选择的行动（a）有关。在执行行动并进行状态转移的过程中，还会产生奖励（r）。

说句题外话，是否存在一个足够大、足够复杂的马尔可夫决策过程，能够建模整个世界的运行变化呢？这让我们不禁想起了上篇中提到的拉普拉斯妖。随着量子力学的发展，拉普拉斯妖的概念已经受到了挑战。同样，马尔可夫决策过程在现实中也主要用于模拟经过抽象的局部问题。

让我们继续回到强化学习。我们沿着图中可能的转移轨迹漫游，就能够得到智能体与环境交互的轨迹。由此我们可以发现，状态之间存在着紧密的联系。例如，假如状态 A 能够转移到状态 B，那我们计算其 Q 值的时候能否拆成两部分呢？一部分是到 B 之前能得到的奖励，一部分是从 B 开始以后能得到的奖励。

答案是不仅可行，而且贝尔曼方程正是采用的这种方法。

观察贝尔曼方程的右侧，它由两部分组成：即时奖励的期望和下一个状态的 Q 值的期望。这种分解体现了动态规划的精髓。根据贝尔曼方程，不同状态的 Q 值之间建立了互相依赖的关系，且这种定义是递归的。以格子迷宫为例，机器人在不同的格子间漫游，每次的路径都是独一无二的，轨迹可能会很长，同一个格子也可能被多次经过。

## 实战：减肥计划

接下来我们不走格子迷宫了，我们将学到的强化学习知识用于解决一个非常重要的实际问题：减肥。

网上有很多的减肥教程、减肥食谱，但是这些都是模板化的，不一定适合自己。因此，我们要借助强化学习的原理，为自己量身打造一套个性化的减肥策略。当然，我们的目标是高效减重，同时不损害身体，不然直接定一个最简单的完全不吃不喝的策略，也许很快就能达成目标——人就会受到健康威胁了。

下面，我们将直面人生中的一项重大决策——下顿吃什么。我们点开外卖软件，开始浏览附近的餐厅，这个选择过程就将由学习到的策略接管。我们将强化学习的概念融入这个场景。

（1）**状态。**它包括你的饥饿程度、基础代谢情况、对不同食物的喜爱程度等。

（2）**行动。**这里不考虑运动等方面，我们聚焦饮食，行动集合就是我们选择吃什么。

（3）**奖励。**体重降低获得正奖励，体重上升获得负奖励。

（4）**状态转移。**也就是你状态的变化。执行一次行动，例如吃了一餐沙拉，身体状态就会发生变化，包括身体的基础代谢情况、饥饿感等很多方面的变化。事实上，我们老吃同样的食物肯定会觉得腻，这也可以被包括在状态转移当中。

（5）**轨迹和回报。**这里轨迹可以理解为一个链条，其中的一节链条记录了你这一顿吃了什么，身体状态发生了什么变化，以及体重奖励（瘦了获得正奖励，反之获得负奖励）。回报就是一段时间之后的累积体重奖励，注意这里的奖励不一定是指体重变化的数值，但是一定反映了我们想要的体重变化趋势。

（6）**贝尔曼方程。**在这个场景中，贝尔曼方程帮助我们评估在当前状态下，选择某种食物的长期期望回报。假设你正在考虑是选择一家轻食餐厅的蔬菜沙拉，还是选择一份满肉比萨，贝尔曼方程将考量以下两个部分。

第一，即时奖励期望。相较满肉比萨，选择只吃蔬菜沙拉可能获得更高的即时体重奖励。

第二，下一个状态-动作对的 Q 值期望。这个期望就代表了你接下来能够获得的累积体重奖励的平均值。

下一个步骤就是构建贝尔曼方程组。这里假设我们已知你身体所有可能的状态（状态集合），以及所有可能吃的食物（行动集合），于是按照上面的公式可以构建出一堆贝尔曼方程。注意，每一个方程等式左边的 Q 值和等式右边的 Q 值部分都是未知量，仅有即时奖励是已知常量。接下来就是求解方程组中的所有未知量，得到不同状态下选择不同食物的 Q 值。我们可以把结果存到一个表里，策略学好了，就大功告成。我们在点餐的时候可以根据当前状态查表，从而找到 Q 值最大的选项对应的食物。

读到这里，你也许没有感觉到这种决策模型所谓的深谋远虑体现在何处。我们每次选择即时奖励最大的行动选项不就好了？反正未来都是不确定的。产生上述想法的原因是你没有把人的身体状态变化考虑进来，即每一个行动不仅带来不同的即时奖励，也导致了不同的状态转移。例如，我们假设在减肥第一天吃一顿纯蔬菜沙拉，第二天体重可能会降。但是如果一直坚持这个选择，身体的基础代谢会下降甚至很多机能也会出现问题，这样并不会带来长期的健康的体重下降。而在贝尔曼方程中这一因素被考虑到了。这也是符合我们的常识的。

反映在刚才的贝尔曼方程里面就是：Q 值是基于当前状态和要选择的行动的，不同的身体状态选择吃同样的食物，得到的即时奖励不同，同时，当前的行动确定之后就会影响后续身体的状态变化，继而影响后续累积奖励的期望值。例如，虽然我们不能确知未来，但一个健康并具有高基础代谢的身体状态显然意味着未来能够得到较高体重奖励的平均值的可能性会更高。

面对复杂问题，我们往往会选择迭代策略来解贝尔曼方程。先给所有待求解变量赋予一个初始的猜测值，计算并更新等式左边的值，然后将等式左边更新的值代入等式右边，如此循环往复，直至收敛。

至此，我们已经走过了基于强化学习来训练决策模型的整个旅程，但是如果仔细观察，我们便会发现贝尔曼方程的右侧包含了期望运算符。正如我们之前所定义的，Q 值是对所有未来可能性的评估，它本身自然是一个期望值。要计算期望，我们就需要用到相关的概率分布，比如状态之间的转移概率，这些信息属于世界模型的一部分，反映了物理世界的内在特性。例如，在刚才的减肥问题当中，我们需要明确知道人的身体状态转移的概率分布，这就涉及不同的食物对不同人的身体状态的影响。显然，考虑到人的身体状态及其变化的复杂性，我们往往是无法得到完整的状态转移概率的。

在之前迭代求解贝尔曼方程的过程中，我们假设上述世界模型（例如状态转移概率）是已知的，因此这种方法被称为基于模型（model-based）的方法。但在现实世界的大量应用中，我们其实没有办法完全掌握这些模型信息，这些关键数据往往是未知数。为了克服这一难题，我们必须开发不依赖模型（model-free）的方法。

## 免费的午餐

天下没有免费的午餐。如果不用世界模型的信息，我们就必须依赖其他资源，那就是数据，即智能体在与环境交互过程中收集到的轨迹数据。我们先介绍一种经典的不依赖模型的强化学习方法——MC（Monte Carlo，蒙特卡罗）方法。MC 方法的理论基础是大数定律，该定律指出，随着样本数量的增加，样本均值可以很好地近似总体均值。由于策略迭代中所需的 Q 值是随机变量的期望，我们可以利用 MC 的思想，通过收集大量轨迹数据并计算这些轨迹回报的均值来得到近似 Q 值的期望。

采集轨迹数据实际上就是让智能体执行任务，与环境不断交互，然后记录下来这样一个连续的过程。例如，在格子迷宫问题中，我们可以让智能体不停地在迷宫中漫游，而在这个过程中智能体探索出了不同的路径组合。在减肥问题中，我们尝试不同的饮食计划，并记录身体的状态变化。大家很容易发现这当中存在一个问题，即这样的策略学习如果都是在现实世界中进行的，那么所需的时间和开销无疑是巨大的。试想如果我们以强化学习的方法让机器学习雕刻玉石，那在其神功大成之前，多少原材料会被浪费！

缓解这一问题的方案有很多：一种方案是，先让机器通过人类专家的演示数据进行模仿学习，从而获得初步技能，然后进行交互式的强化学习；另外一种方案就是构建仿真环境，让机器的虚拟复制体在仿真环境里面进行交互，收集轨迹数据，更新策略，然后将学习到的策略迁移到现实机器的大脑中。

另外，MC 方法每次更新策略都需要等待整个轨迹的数据收集完毕，这可能导致速度较慢。为了解决这个问题，研究者还提出了其他几种重要的不依赖模型的方法（感兴趣的读者可以到文献里面去查阅细节），具体包括以下几种。

（1）时间差分学习（Temporal Difference Learning,

TD Learning）：这种方法结合了蒙特卡罗方法和动态规划思想，通过逐步更新估计来减少对完整轨迹数据的需求。

（2）Sarsa（State-Action-Reward-State-Action）：TD 方法的一种，它通过估计状态–行动值 Q 来预测采取每个可能行动的预期回报，而不需要模型信息。

（3）Q-Learning：大名鼎鼎的 Q-Learning 算法选择直接来学习最优的 Q 值。

此外，现实世界中的决策任务也远比抽象模型复杂得多。因此，强化学习领域也在不断地进化和完善，以更好地适应现实世界的挑战。

比如，许多读者可能都体验过电子格斗游戏，在游戏中，玩家通过简单的摇杆和按键组合来控制角色。现实中的格斗艺术则完全不同。我们需要协调超过 600 块肌肉和 200 多块骨骼，即使是最简单的动作，比如跨步或出拳，也涉及复杂的决策过程。这些决策往往是下意识完成的，但在现实中，即使是按照既定的技巧套路，每一次出拳的角度、方向和力度也会有所不同，需要根据对手的动作和反应来即时调整。

当双方发生肢体接触时，力量的相互作用会对当时的行动决策和结果产生不可预测的影响。比如，在一场足球比赛中，运动员不小心摔倒了，结果正好补了一个凌空进球。这表明，现实世界中的复杂决策远远超出了电子游戏中几个按键所能代表的范围。对于决策模型来说，任重而道远。

幸运的是，近年来，强化学习领域出现了许多新的算法，它们性能更优，也更贴近现实世界的需求。例如，在格子迷宫中，状态是离散的，可以用表格形式存储状态值。但当状态变为连续时，我们该如何处理呢？这时，我们可以使用一个函数来近似表示状态值，例如使用神经网络，这就产生了值函数近似（Value Function Approximation）的方法。

同样，之前用表格存储的策略也可以被一个函数替代，比如一个神经网络，该网络可以根据输入的状态预测采取行动的概率分布，这类方法被称为策略梯度（Policy Gradient）。将两者结合，即在优化策略的同时优化对 Q 值的估计，就形成了 Actor-Critic 架构，这是目前许多应用广泛采用的架构。

当然，强化学习领域正在蓬勃发展，还有许多前沿算法不断涌现。由于篇幅所限，这里无法一一介绍。感兴趣的读者，可以通过阅读最新的学术论文和文献来深入了解这些令人兴奋的进展。随着技术的不断进步，我们有理由相信，未来的决策模型将更加智能、灵活，能够应对现实世界中的各种复杂挑战。

## 决策的关键：算力常胜

我们刚刚谈论了多种不同的决策模型构建方法，除此之外，近来还有很多研究人员提出利用大语言模型来生成行动序列的方法。那么，究竟哪条道路会更快到达罗马呢？

回到本章的最初，我们讨论过上述这些具身智能的决策模型都是基于机器学习构建的。当探讨机器学习时，我们必须先理解当前人工智能的三大支柱：数据、算法和算力。如果说数据是燃料，算法是导航，那么算力就相当于引擎的马力。正如汽车需要优质燃料和准确导航才能在强大引擎的推动下到达目的地，人工智能也需要确保数据的质量、算法的准确性和算力的充足。

我们每个人都拥有一定的“算力”，如口算、心算等，虽然这些能力在面对复杂计算时可能显得有限。历史上，人类为了提升这种算力，发明了各种计算工具，从古老的结绳记数和算盘到现代的超级计算机和云计算技术。每一次算力的飞跃，都伴随着技术的进步和社会的发展，从而推动我们解决更复杂的问题，优化决策过程。

在过去大约 70 年中，人工智能的研究主要围绕着如何将人类的经验和知识融入模型和训练过程。早期的科学家忙于设计更精巧的模型结构，或者精心挑选数据特征。随着深度学习技术的兴起，大数据驱动逐渐显示出强大的力量，极大地提升了模型的性能，并重新定义了对算力的需求。

被誉为强化学习之父的理查德·萨顿教授在2019年发表的文章《苦涩的教训》（The Bitter Lesson）中阐述了这一观点。他指出，多数人工智能研究是在计算资源相对固定的条件下进行的，利用好人类的知识成为提高性能的一个手段。从更长远的时间维度来看，计算资源的增加是不可避免的。萨顿强调，长期来看，真正的游戏规则改变者是计算能力的增长，而非单纯的知识积累。

以棋类游戏为例，1997年，计算机通过基于深度搜索的方法击败了国际象棋世界冠军卡斯帕罗夫。当时，许多研究人员对此感到气馁，因为他们更倾向于利用对国际象棋的深入理解来开发人工智能。不幸的是，当一个简单但强大的基于搜索的方法被证明更有效时，原先依赖人类知识的方法就显得不那么重要了。很多学者认为这种“蛮力”搜索虽然取得了胜利，但并不是通用策略，也不是人类下棋的方式。同样的情况在计算机围棋中也上演了，只不过延迟了20年。最初大量的努力都在试图避免使用搜索，但当搜索得到大规模有效应用时，之前所有避免搜索的努力都显得微不足道了，甚至有些反效果。

这并不是说人类的经验不重要，而是在当前的机器学习框架下，我们依然必须重视数据和算力的作用。如何充分利用这两者，成为我们需要深思的问题。这也从侧面印证了被 OpenAI 研究人员推崇的规模定律——随着模型规模的增大，其性能也会提高。

搏击领域常说，“在绝对力量面前，一切技巧都是徒劳”，在这里，算力就是这个“绝对力量”。在当前的机器决策领域，算力的提升往往能够突破数据、模型和算法的限制，开辟出全新的解决方案。“算力为王”的局面，会持续多久呢？现在还没有人敢做这个预测。基于这一点，斯坦福大学的李飞飞教授说，“我同意人工智能还处于前牛顿时代”。

# 第九章
# 行动

关于小时候，你有没有一段悲伤的记忆？老师很不开心地数落说："这道题你是怎么搞的，一看就会，一做就错。"

确实，"能做"不代表"会做"。智能体通过决策模型能够知道怎么执行一个具体的指令，例如拉开抽屉、抓起杯子等，但要想让它真的把以上动作做出来，并不是一件简单的事。有句话叫"眼睛会了，但是手还没会"，说的就是这种情况。

你仔细想想，其实在拿起杯子的过程中，你大脑的主观意识并不会对其进行太多的关注（除非发生了什么特别的情况）。在我们的感受中，拿起杯子似乎是自然而然就能够完成的，我们并不会特意去指挥每一根手指、每一个胳膊关节的运动方向和幅度。当皮肤接触到杯子的时候，我们自然能够根据触觉反馈和感受到的重量等决定抓握力度。

不仅仅是人类，小狗在草地上欢快地奔跑，小鸟在空中飞翔，这些行为都不需要动物的大脑进行复杂计算或过度努力。但要想让机器人能做到跑步、跳跃，那可就费劲了。首先，智能体需要准确地感知环境和对象的状态，这包括对象的位置、大小、形状和纹理等信息；其次，智能体需要根据感知到的信息进行运动规划，计算出如何移动自己的关节和肢体，以实现预期的动作；最后，智能体需要精确地执行这些动作，这不仅要求其对关节和肢体的控制精度，还要求其能够适应环境的变化和不确定性。你看看波士顿动力——这家公司花了数十年的时间在工程研究、机械设计、传感器集成以及算法开发上，才使得其机器人能在高度控制的实验室条件下实现类似动物包括人类的奔跑、跳跃。

在我们的日常生活中，很多看似简单的任务如切菜、刮胡子、整理收纳等，人工智能都没能很好地完成，一个不小心智能体还会掉入所谓的“恐怖谷”。这个术语描述了当机器人或仿生对象接近但尚未达到与真实人类或其他生物无法区分的程度时，引起的不适感或恐惧。

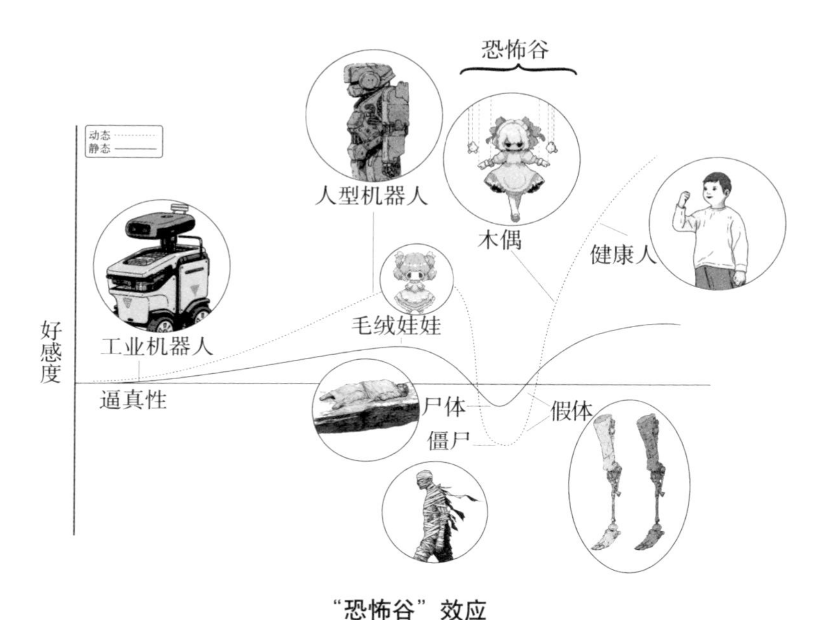


**“恐怖谷”效应**

这是因为，日常任务虽然对人类来说轻而易举，但对机器人来说却涉及复杂的运动控制和精细的感知能力。例如，切菜不仅需要根据食物的硬度、形状和纹理调整力度和切割角度，还需要避免切到手，也不能造成不必要的浪费；刮胡子则要求机器人能够精准识别脸部轮廓，轻柔而有效地去除毛发，同时避免刮伤皮肤；整理收纳则涉及对物品的识别、分类和空间规划，需要机器人具备一定的空间智能和组织能力。

做家务的机器人

这也揭示了具身智能发展过程中的重大瓶颈——如何使机器不仅能“做到”这些动作，而且能够像生物那样“自然地做到”。

## 如何“做到”

“具身智能”由两个词组成，一个是“具身”，一个是“智能”。我们先来说“具身”。

动物尤其是人类能够做到运动控制，需要一个复杂而精细的过程，它涉及神经系统、肌肉系统以及感觉系统的协同工作。运动控制的核心在于神经系统与肌肉系统的协同作用。神经系统通过发出电信号来控制肌肉的收缩和放松，从而实现各种动作。

做到运动控制是由演化决定的。经过长时间的自然选择，身体结构和控制系统得以高度优化，以适应环境中的各种物理挑战。这可不仅仅是简单的肌肉活动，而是一个包括预测、适应和学习的复杂过程。这种控制能力使动物尤其是人类能够在多变的环境中维持平衡，进行精确的手眼协调，执行复杂的手工任务，甚至在极端条件下保持生存能力。

但是演化并没有教会人类如何进行瑜伽动作、执行极限运动或完成其他高度专业化的体育技巧。这些能力的获得是通过另外一种不同的运动措施——训练和学习——实现的。尽管我们的神经系统和肌肉系统为我们提供了执行这些复杂运动的基础架构，但掌握它们需要有意识的练习和精心设计的训练程序。

例如，瑜伽大师可以把腿绕过脖子再盘在一起，这显然不是为了躲避某种大型动物的狩猎，而是“思维波动的止息”（“瑜伽之祖”帕坦伽利的话）。也就是说，瑜伽动作不仅仅是身体伸展的一系列动作，它还涉及对呼吸的控制、对身体各部位的深入认知以及对动作流畅度的精确把握。这些技能显然不是天生就会的，是人类通过重复地练习和体验，逐渐学习到如何控制身体以达到预期的姿势和效果。这种学习过程在某种程度上也是对我们原有生物机能的一种扩展和超越。

从这个例子中我们可以发现，人类的运动不止一种，而是可以系统性地分为多个类别，具体如下。

（1）反射运动（reflex movement）。这类运动的模式通常是相对固定的，不受意识控制并且反应迅速。例如体检中常见的膝跳反射（膝关节屈曲、小腿自由下垂时，轻快地叩击髌骨下髌腱的位置，从而引起股四头肌的收缩，使小腿做急速前踢的动作），就是人生来就具备的先天性反应。这是一种由脊髓控制的反射，不需要大脑的控制。这类运动的能量应用效率是最高的。

（2）模式化运动（rhythmic movement）。这种运动也可以称为节律运动，是具有节奏和连续性的运动形式。主观意识控制着运动的开始与结束，运动过程由多个脑区协同作用的中枢模式发生器（CPG）调控，通过下意识的横纹肌自动节律性收缩来控制具体的运动过程，例如走路、跑步、骑自行车都是很典型的模式化运动。

（3）随意运动（voluntary movement）。这种运动具有明确的目的性，全过程均受主观意识支配，运动形式较为复杂，可以通过学习不断提高技巧。

在看过这些描述后，相信读者会产生共鸣，并能够很容易地在日常生活中找到这些运动形式的例子。值得注意的是，上述三种运动之间其实没有绝对的界限，在很多人类活动中它们是相辅相成的。通过观察我们甚至能够发现，婴儿的动作发育过程是沿着反射运动—模式化运动—随意运动的顺序发展的。而人类进行很多高级复杂运动的时候又将以相反的顺序进行，例如学习打乒乓球等。显然，最开始学习打乒乓球的时候，人们进行的是随意运动，主观上会非常关注挥拍的角度和力度。接下来，通过专项的训练向模式化运动发展，即人们开始锻炼基本功。

最高境界就是进入某种反射运动的状态。除了前文说的瑜伽动作，还有些高水平钢琴家的击键可以高达 10 次 / 秒以上。这种涉及数十块肌肉协调收缩的高速动作已远远超过外周神经向大脑中枢传递的速度，因此只能以有控制的反射运动来解释。所以，我们常常会听到人们称赞某位

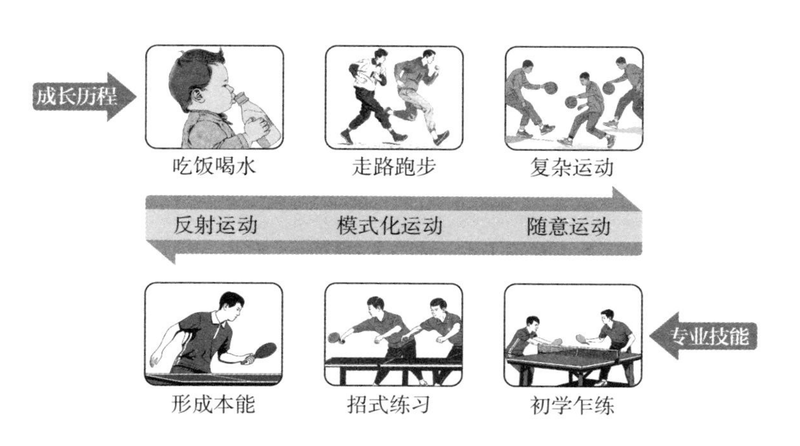


运动的类型与变化

高手形成了所谓的“肌肉记忆”，各种招式信手拈来。

## 冗余自由度与机械舞

中学课本里有《卖油翁》的故事，卖油翁虽然年迈，却能稳稳地从铜钱的小孔中将油注入葫芦，油流经铜钱口进入葫芦而铜钱始终不湿。故事里有一句话很有意思：“无他，但手熟尔。”用大白话说就是，“没有别的（奥妙），只不过是手熟练罢了”。

不管倒油、摊煎饼还是流水线做工，在运动过程中大脑和神经系统都做了什么？这是一个深奥而复杂的问题，时至今日，我们依然难以得见全貌。在对此探索的历程中，有很多有趣且重要的发现值得分享。

苏联神经生理学家尼古拉·伯恩斯坦在 20 世纪 40 年代发现，铁匠打铁时，锤子的落点几乎每次都会落到相同的地方，但铁匠的肩、肘、腕关节的运动却有很大的随机性。也就是说，我们的神经系统似乎只保证主要任务的绩效，即锤子落点，而不在意这些关节的具体运动。

根据这些观察，伯恩斯坦提出了“自由度冗余”问题，也就是后来所说的伯恩斯坦问题。他指出，人体的动作自由度远远超过了完成特定任务所必需的，这意味着人体在执行任何动作时，实际上有多种可能的运动路径和关节配置可供选择。这种冗余似乎是一种进化上的优势，它允许我们在面对不同环境和条件时，灵活调整和优化动作以执行策略。

从这个角度出发，我们就可以对某些直观的现象进行解释，即为什么机器人的动作看起来有些僵硬。研究表明，人体关节的自由度可能超过200个，而现在的机器人远远小于这个数量。同理，机械舞的动作限制了很多关节的运动，而其他的舞蹈由于同一时间参与的自由度更多而显得自然且舒展。

虽然冗余自由度赋予了智能体更高的灵活性，使它们能像人类一样完成更多复杂的任务，但这确实也引入了一些不利因素，例如控制复杂度的增加、能量消耗的上升和运动效率的降低。人类的大脑和神经系统如何有效应对这些挑战，成为一个关键问题。

伯恩斯坦提出的“自由度冻结”假说为这一问题提供了一个解决方案。他认为，为了防止过多信息的输入导致中枢神经系统的混乱，大脑会故意限制某些关节或肌肉群的活动，简化控制过程。这种“冻结”不是随机的，而是高度策略化的，目的是在维持必要的动作自由度的同时，减少不必要的能量消耗和运动噪声。

比如，第一次尝试骑自行车时，你可能会感到非常不稳定，需要不断地调整身体的各个部位来保持平衡——这包括手臂、肩膀、腰部和腿部的肌肉。在这个阶段，你可能会不自觉地使用很多不必要的动作，导致肌肉紧张和能量浪费。

随着练习的增加，你开始学会“冻结”一些关节或肌肉群的活动，专注于最关键的平衡点，比如腰部和手部。例如，你可能会发现，通过稳定地握住车把并轻微调整上半身，就可以更有效地控制自行车的方向，而不需要大幅度摆动手臂。同时，你的下半身肌肉也会逐渐适应踏板的节奏，而不需要过分紧张。

在这个过程中，你的大脑实际上是在进行一种策略性的“自由度冻结”，它选择性地减少那些对当前任务不是必需的动作自由度，从而简化控制过程，提高运动的效率和流畅性。最终，骑自行车变成了一种几乎不需要意识控制的动作，你可以在骑车的同时进行其他活动，如与朋友交谈或欣赏周围的风景。

在具身智能领域，如何借鉴人类神经系统的这种策略，优化机器人的运动控制，变成一个待解决的关键挑战。当前的研究正在尝试通过各种算法模拟这一过程，例如通过机器学习算法来识别和模拟最有效的动作模式，从而在保证任务执行效率的同时，减少能量消耗和提高控制的准确性。

进一步地，研究者还探索使用模块化的控制策略，将复杂动作分解为若干简单模块，每个模块对应特定的动作自由度。这种方法不仅可以简化控制算法的设计，也有助于提高整体系统的适应性和可靠性。例如，通过动态调整模块，智能系统可以更灵活地适应不同的环境和任务要求。

## 拉马克主义与达尔文主义

机械臂通常仅有6个自由度，这已足以完成很多任务。从仿生的角度说，智能体要瞄准的学习对象就是动物包括人类。比如，人体有600多块肌肉，200多块骨骼，如何控制这样的躯体进行运动显然是一个复杂的任务，需要神经系统、肌肉系统、感知系统高度协作。显然人类的这种能力不是在某一天突然获得的，而是在漫长的进化过程中逐渐积累演化的。那么，这个过程是如何进行的呢？

我国有条谚语：龙生龙，凤生凤，老鼠的儿子会打洞。事实真的如此吗？在进化论的世界里，有两个名人——拉马克和达尔文，他们的理论的主要争议点在于以上这句谚语，也就是获得性遗传的可信度。

想象一下，如果你每天健身，你的孩子是不是就会生来拥有六块腹肌？ 按照达尔文的理论，这是天方夜谭；但是按照拉马克的理论，这是可能的。

法国生物学家拉马克在 1809 年出版的《动物学哲学》中首次提出了获得性遗传，并系统阐述了什么叫“用进废退”。简而言之，他认为生物体由于环境的影响或某个器官的频繁使用而发生了变化，这些新特性可以遗传给后代。以长颈鹿为例，拉马克认为它们的脖子之所以长，是因为代代都在伸长脖子去够更高的树叶。

**按照拉马克的理论解释长颈鹿脖子为什么这么长**

达尔文的自然选择理论则更像自然界的“权力的游戏”，强调生存斗争、过度繁殖、遗传变异和适者生存。在这场游戏中，只有那些最适应环境的生物才能生存下去，而基因才是决定生物特征的关键因素。

这也能解释为什么人的手可能只需要 5 个自由度就能完成基本动作，最后却进化出了 22 个自由度。这种增加的自由度为人类提供了更广泛的手部功能和更精细的运动控制，使人类能够完成从抓握简单工具到执行复杂手术等各种精密活动。此外，在人类的社交互动中，额外的自由度也扮演了重要角色，如手势和非言语表达，这些都可能在社会选择中发挥作用，帮助增强群体间的沟通和合作。因此，虽然从单纯的机械功能角度看，手的基本动作可能不需要那么多自由度，但在自然选择的过程中，那些能够利用额外自由度提高生存和社交效能的个体更有可能生存并传承其基因，从而推动这种复杂性的进化。

尽管近年来一直是达尔文理论略占上风，但是最近的表观遗传学（epigenetics）研究似乎又给拉马克理论增加了“筹码”。表观遗传学揭示了环境如何影响我们的基因并留下可遗传的标记，例如压力或营养状态可能通过基因表达的方式影响后代。这不就是拉马克理论的现代演绎吗？虽然这种思想还处于起步阶段，但如果这条道路可行，达尔文和拉马克或许可以在某种程度上握手言和，共同解释复杂的自然界。

在智能体的世界里，拉马克理论看起来比达尔文理论更有效。如果某个改良后的代码版本在环境中表现出色，它完全可以作为下一代的基础，这类似于铁匠真的可以把他强健的臂膀遗传给后代。在传统的达尔文进化论中，个体的学习并不被重视；而拉马克进化论则允许个体在生存期间获得的信息（比如增强的肌肉力量或解决问题的方法）与进化这一长期、缓慢的学习过程结合。因此，拉马克进化论确实能够更快产生更聪明的解决方案。

所以，我们到底是该通过“拉马克式”的方法直接编程来控制机器的运动，还是遵循“达尔文式”的途径让机器拥有和人一样复杂的运动能力，哪怕这些运动能力是冗余的？这个问题揭示了两种根本不同的具身智能体设计哲学。拉马克式的方法侧重于直接赋予机器预设的功能和特性，这种方式快速而直接，适用于当下已经有明确需求的应用场景。它的局限在于，设计者必须事先了解所需的功能并能准确地实现它们，这在面对未知或变化迅速的环境时可能不够灵活。

相反，达尔文式的演化策略通过模拟自然选择的机制，允许机器在给定的环境中自我优化和适应。这种方法不依赖于预先的精确编程，而是让机器在多种可能的解决方案中自主寻找最有效的策略。随着环境的变化，机器能够持续进化，逐步优化其性能以适应新的挑战。这样的策略虽然在初期可能见效较慢，但为机器提供了长期的适应性和灵活性，使其能够应对未来可能出现的各种复杂情况。

## 交互之难

在讨论了动物的行动能力演化历程之后，让我们回到智能机器。智能机器经过感知、认知、决策，终于在行动环节与环境产生了实质性的交互。对于智能机器，我们希望其行动能够做到准确、迅捷、协调。可是，要让机器变得如此灵巧，又谈何容易？

从维纳的控制论开始，行为主义在这一领域做了大量的工作。时至今日，从波士顿动力翻跟头的机器人到穿街走巷的无人驾驶汽车，从流水线上组装零件的机械臂到夜空中飞舞盘旋组成各种图案的无人机集群，我们已经目睹了大量灵巧的智能机器。

但是我们仍然不满足，因为这种灵巧还不够“通用”，还有很多任务做得并不好，就连最普通的家务，目前也并没有哪一款智能机器能够包揽并达到商用的程度。

那么，这些任务到底难在哪里呢？交互是关键。在没有外界交互的情况下，对智能机器的控制已经得到了广泛的研究并取得了显著成果。但一旦牵涉与环境的交互，机器行动的难度便急剧上升。摆在交互面前的三座大山分别是“对象”、“环境”和“动态性”。

首先来看交互的对象。对象的类型无穷无尽，可能是一件衣服、一个柜子、一座山、一片海、一个人或者另一台机器。每个对象都有其独特的属性和特性，我们与它们互动时的体验和需求也截然不同。比如，雕刻木头与堆雪人所需的技巧大相径庭，抓住水杯与拿起豆腐所需的力度迥异，拧开药瓶盖与打开微波炉门的动作也各有不同。

其次是交互的环境。物理世界中的交互总是发生在复杂纷繁的环境当中，充满了各种噪声和干扰。以晾衣服这一简单任务为例，我们需要在可能的风力干扰下，从一堆洗净的衣物中挑选一件并将其固定到晾衣架上。对于无人驾驶汽车而言，雨雪天气、道路障碍物等都可能对其行动造成重大影响。

最后是交互的动态性。交互的过程往往充满了动态性，交互对象的变化、环境的变化等都无法在行动之初就确定下来，甚至这些动态性也会导致行动的阶段性目标发生变化，进而需要智能机器及时进行调整。

不过，当我们将视角转向较为简单可控的环境，针对少数对象的交互时，现代智能机器已经展现出了卓越的成就。例如，在生产线上，焊接机器人面对的交互对象和环境在一定时期内是恒定的，因此即便需要快速完成多个焊点，这些机器人也能精准高效地完成任务。事实上，就重复性工作效率和精准度而言，机器已经超越了人类。再如，就乒乓球这项对人类运动控制能力要求极高的运动而言，在我们将交互环境限定于固定的球台一侧、将对象仅限于球拍和球之后，智能机器已经能够与人对战，展现出不俗的技艺。

## 知者敏于行

面对交互之难，到底该如何提升智能机器的行动能力呢？“头痛炙头，脚痛炙脚”历来饱受诟病。要想解决交互中的挑战，除了提升控制算法和执行器的物理性能（这些内容在其他教材或文献中已有广泛讨论），我们还需要聚焦于“知”的深度与广度。这里的“知”，涵盖了从感知到认知的完整过程，即我们对行动主体与客体的全面理解。

该怎么提升“知”的深度与广度？还是从我们最熟悉的人类来入手进行分析。人类之所以能拥有卓越的行动能力，并非仅因肢体结构的复杂性，更在于我们拥有强大的感官和神经系统。例如，我们用刀切肉时，首先是通过视觉给出的信息将其定位到正确的位置和姿态，然后结合视觉以及握持刀柄的手传来的触觉信号来决定施加多少力度和施力的方向。而如果我们假设执行者是一个仅具备视觉传感器的智能机器，当肉里面有一块骨头时，它就很难做出快速而准确的响应了。

人的手部皮肤能够感知到痛觉、温度觉、振动觉、移动性触觉、恒定性触觉等多种信息，包含 17 000 多个触觉小体，能够实现细粒度精确的触觉感知。在这方面，当前的智能机器显然存在极大不足。

因此，我们要发挥具身智能特有的优势。虽然智能机器人没有那么多神经和感官，但是它的形态和感知能力也同样不受基因限制。事实上，人短时间内不可能在脑袋后面进化出一双眼睛，但是让智能机器拥有“脑后眼”并非奇事，因此它们能在不受传统感官局限的情况下，探索一个更广阔的感知世界。

例如，魔方是一种很多人喜欢的益智类玩具，但是恢复魔方对很多没有经过专门练习的人来说很不容易。就算经过一定学习，以我本人来说，也需要 3 分钟左右。OpenAI 在 2019 年发布了一个用机械手解魔方的系统 。研究人员为了测试机械手的极限，不仅要求其单手完成复原，还在实验中设置了多重障碍：戴上橡胶手套，部分手指被绑住，甚至还有一只长颈鹿走过来干扰。尽管面临这些挑战，系统仍然展现出了卓越的鲁棒性。

**OpenAI 发布的用机械手解魔方的系统**

图片来源：I. Akkaya, et al., “Solving Rubik's Cube with A Robot Hand”, arXiv: 1910.07113, 2019。

这个用来玩魔方的机械手，来自 Shadow Robot（英国暗影机器人公司）的 Shadow Dexterous Hand（灵巧手），它被安装在一个装备有 RGB 摄像头和 PhaseSpace 动作捕捉系统的方形笼中。其控制策略基于强化学习，以机械手的手指当前位置和魔方的状态为输入，输出机械手下一步的动作。在 OpenAI 公开的一个视频中，机械手在约 4 分钟的时间里成功还原了一个三阶魔方。魔方的状态通过三个不同角度的摄像头来估计，而机械手指尖的位置则通过 3D（三维）动作捕捉系统追踪。这个系统展示了一个核心理念：尽管只有一只机械手在执行动作，但其感知能力却遍布整个空间。

机器能够随时给自己选配很多强大的感官。例如在自动驾驶汽车上，最新的激光雷达已经能够实现超过百米范围的高精度三维扫描，热成像传感器也能够让机器在黑夜里发现有温度的目标。这同样带来一个新的问题，即如何使多种感官能够很好地协同工作。人类的感官融合是长久以来的进化结果，而在这方面，机器智能刚刚起步。

DenseFusion 采用了一个创新的异构网络架构，能分别处理 RGB 和深度数据。这种设计使各种数据能保留其原始结构，而不是简单地将它们融合为单一通道。在单独处理完数据后，DenseFusion 首先对两种数据分别进行预处理，然后使用一个密集融合神经网络进行整合，使得模型在保持数据结构的同时，有效地利用 RGB 和深度数据的互补性。

提出 TAVI（Tactile Adaptation from Visual Incentives，从视觉激励中触觉适应）这一新框架的作者认为，仅依靠现有智能机器的触觉感知无法提供足够的线索来推理物体的空间配置，这限制了纠正错误和适应变化情况的能力。因此，他们提出可以通过使用基于视觉的奖励来优化灵巧策略，从而增强基于触觉的灵巧性。

机器也不是一直都能够打“富裕仗”，在很多应用场景中，由于受到体积、成本等诸多方面的限制，智能体必须学会充分利用有限的感知数据。

抓取是具身智能体一项基础而复杂的能力，它要求精准控制力度，以避免物体受损或滑落。不同的物体需要不同的抓取策略：滑溜的陶瓷杯和粗糙的橡胶球，它们的抓取方式截然不同（毕竟我可不希望自己精心淘来的卡洛曼设计的咖啡壶被打碎）。AnyGrasp 就提出一种新的用于抓取的感知技术，让机械夹爪能够对大量堆叠的、形状不规则的、没有见过的物体进行稳定抓取操作。感知部件仅为一台普通的深度相机。得益于对大量真实世界数据的学习，机器能够主动避开障碍并且通过感知零件的质心以提高稳定性，这两项特性在人类的视觉抓取行为中是经常能够看到的。而在另一项研究中，Takahashi 等人提出了一种通过图像来估计触觉特性的方法，这对于具身智能体与环境的交互至关重要。例如，如果智能体通过视觉观察到某物体表面比较滑腻，它可能会采取更紧的抓握方式以防滑脱。

除了提升感知能力，如何使机器具备真正的认知能力也是目前具身智能研究的前沿，包括图灵奖得主杨立昆近期提出的关于世界模型的理论在内，大量的工作正围绕这一问题展开。

除了让感知能力“卷”到极致，还有没有其他的路径能够提升机器的“知”呢？我们或许还可以从另外一个方向进行“弯道超车”：连接。

## 智能化熵增与具身导航

互联网和物联网时代，连接已经深入人们的生活，网络变得无处不在。你也许会疑惑：连接不就是交换信息吗？它如何能够影响认知甚至是推动智能发展呢？我接下来会结合自己长期从事的具身导航方面的研究经历来浅尝辄止地探讨一下相关话题。

（1）连接传递认知。

当没有连接的时候，感知以及认知是如何达成的呢？靠的是观察和猜测。没错，人类做判断的过程本质上也是一种猜测，即根据观察到的某种信号并结合自己的认知进行猜测。很显然，感知是有盲点和误差的，认知也存在局限和错误。我们的视觉可能会被遮挡，看到的也可能不是真相。比如，同样是在昏暗中看到模糊的身影，有的人可能会因为恐惧或迷信而认为这是“鬼魂”；而另一些人则可能基于理性分析，认为这不过是光影效果或视觉错觉造成的“正常现象”。

所以，假设智能机器的任务是从一堆水果当中寻找一个苹果，它必须努力克服遮挡的影响来寻找苹果的特征，然后发现了一个非常相似的目标，但这可能是一个外表非常相似的塑料苹果。智能机器将其抓起来后甚至可能发现重量也和真的苹果差不多，于是只能考虑闻闻味道（如果配备了嗅觉传感器的话）或者切开再继续观察。单方面的感知或者认知总是困难重重。

而一旦和交互对象之间存在连接会怎么样呢？它可能就会直接告诉你你想知道的一切（我们这里假设所有的对象都是诚实的合作者）。在早期研究中，我们曾经探索过一种导航定位的新方法。通过在导航路径上部署 RFID（射频识别）标签，我们赋予了路标连接能力。这些标签虽然小巧如硬币，却能在被激活时反馈其独特的 ID，为智能机器提供精确的导航信息。这项工作不仅引起了学术界的广泛关注，而且推动我们团队进一步发展物联网中节点可定位性的理论。感兴趣的读者可以深入阅读我们的另一本著作《位置、定位、可定位性——无线网络的位置感知技术》（*Location, Localization, and Localizability-Location-awareness Technology for Wireless Networks*），其中详细介绍了这一理论的发展和应用。事实上，许多现代室内定位系统都采用了与锚点或基站建立连接的思想。

RFID 标签虽小，其连接能力却能使导航行动变得异常高效和准确。这也给了我们启发：如果智能机器能够与所有交互对象建立连接，那么它们的行动是否将变得更加简单和直接？

在这一点上，智能机器和人类相比反而更具有优势。人类主要的交流方式是语言，且不说和一块石头交流，就算是跨省的方言我们可能都听不懂，因此人类与外界的交流很多时候还要借助智能机器。而反观机器，从连接的媒介（无线信号、声音信号、光信号）、连接的“语言”（协议）、连接的带宽等多个方面来看，都要强大很多。

另外，多个智能机器之间可以比人类更充分地共享它们的认知，这样每一个机器都能够获得更多的信息，有利于规划自身的行动。这样的群体智能显然超越了个体智能。

（2）连接创造认知。

除了传递认知，连接本身也创造了认知。连接的载体即各种信号本身就是能够被感知并且被认知的，它们携带着物理世界的印记，赋予我们丰富的信息。

例如，在无线导航的研究中，我们利用无线信号的强度与距离的相关性估计距离。通常，距离的测量依赖专门的感知模块，如尺子或激光测距仪，而无线信号的距离估计能力是连接本身所固有的。更进一步，通过观察无线信号的相位变化，我们曾经提出过一种精度达到毫米级的定位技术，比同期技术的定位精度提高了 40 倍。

无线信号的相位变化还可以用来感知高频率的振动，这对于实时监控机器设备的状态至关重要。最常见的无线信号还能够赋予机器“透视”的能力。比如，我们平时使用的 Wi-Fi 路由器就能够穿墙透视，让我们“看到”墙后的人。这听起来像是某种“超能力”，但实际上，通过分析 Wi-Fi 信号的微妙变化，科学家确实已经能够探测到墙壁另一侧人体的移动。

这种连接的建立本身就是一种认知成果。它不仅代表着物理上的临近和可达性，我们还可以通过这些连接所形成的网络构建起一种拓扑图，反映实体间的相互关系和连接的复杂性。举例来说，社交网络中的六度分隔理论揭示了人类社会关系的紧密程度。它告诉我们，任何两个陌生人之间最多只隔着 6 个人。这个理论也反映了通过连接可以实现认知扩展。在机器的世界里，类似的原理可以应用于物联网设备，它们通过无线信号相互连接，形成一个庞大的感知网络，使得每台设备都能够感知到网络中其他设备的状态和位置。

在这种方式下，连接不仅是信息传递的媒介，还是智能系统认知世界的一种方式。

（3）连接影响智能分布。

在生物出现在地球上之前，智能如同沉睡的种子，尚未萌芽。随着时间的推移，植物和动物逐渐演化，最终，人类以独特的智慧在生命之林中脱颖而出，智能就此出现。在这个时期，智能的分布很不均匀，如果智能可以量化，那么大部分智能都集中在人类的身上。南朝宋诗人谢灵运有个广为人知的戏谑："天下才共一石，曹子建独得八斗，我得一斗，自古及今共用一斗。"有趣的是，很少有人质疑曹植才高八斗，却纷纷不服谢灵运独占一斗。智能的集中赋予了人类无与伦比的地位。人类不仅成为探索这个世界的主导者，更成为塑造这个世界的主要力量。

随着信息技术革命尤其是人工智能的发展，智能机器诞生并开始辅助人类。互联网和物联网的普及正在改变这种不均匀的智能分布。借鉴信息论中熵的概念，我们可以把这种现象称为"智能化熵增"。如果智能与非智能界限分明，我们认为熵较低；反之，如果智能遍布世界的每个角落，我们认为智能化熵在增加。

例如，一台终端设备本身运算能力可能有限，但一旦联网，它就能从云服务器获得强大的算力和知识，从而增强自身的能力。也就是说，智能化熵增降低了智能机器对自身固有感知和认知的依赖。

我们还是回到具身导航的例子。一辆无人驾驶汽车利用自身携带的摄像头、激光雷达、无线模块感知周围的环境，做出加速、减速、变道、超车等行动。在传统的导航中，路径规划和行动决策依赖于提前获取的地图，通过卫星信号等方式定位，引导汽车行动，不断缩短当前位置与目的地之间的距离。汽车如果具备感知周围环境的能力，就不一定需要把自己映射到地图上才能导航。我们指路的时候，也很少直接指定几个坐标地点，更常见的方式是“往前走两个红绿灯，左转前行，看到路左边一个商场，右边的白色写字楼就是目的地”。这样的导航，完全是依赖感知进行路径引导的。我们可以证明，感知数据所构成的感知空间，也符合线性空间的基本定义。只要定义恰当的距离函数（数学称为范数），就可以让感知空间和物理空间保持尺度不变性：物理空间远的，感知空间也远；物理空间近的，感知空间也近。如何定义恰当的范数，就完全是一个数学上的技巧了。实际上，我们都知道物理空间是三维的，而感知空间是远远高于三维的线性空间，这就让我们有很多的数学技巧可以施展，以通过优化实现感知空间和物理空间的一致性，即“感知空间—物理空间”一致性理论。

我们还可以有一些其他的推论，比如：感知空间是一个完备的赋范线性空间（数学上称为巴拿赫空间）；存在感知子空间与物理空间同构，两者存在单一映射关系；物理空间的移动，可以被该感知子空间的时间函数唯一描述；物理空间任两点之间的距离函数，等于该感知子空间像的距离函数；等等。这些推论表明，在物理空间内进行导航，等价于在感知空间内进行导航。也许有一天我们的导航完全是在感知空间内进行的，只是通过具身智能体表现为在物理空间中的移动。

在实际场景中，感知空间的维度太高，计算复杂度也过高。即使是最聪明的无人驾驶汽车，我们也经常会在新闻中看到它们在路上踯躅不前。而有了车联网之后，单体智能逐渐走向群体智能，车辆之间通过连接实现了信息的共享，使行动决策变得更为简单高效。2024 年 1 月，五部委联合发布的《关于开展智能网联汽车“车路云一体化”应用试点工作的通知》，使得这个连接的范围进一步扩展到了云端、道路单元。试着想一下，数百米外的交通事故被道路单元发现并通知给即将驶来的车辆，这是任何老司机都没办法做到的。一辆无人驾驶汽车驶进停车场后，也不必到处转悠找车位了，停车场会直接给出空位的指引，然后车子自己就倒车入库了。是不是很便利，也很自然?

从另一个维度审视智能化的演进，我们不难发现，随着智能化熵的增加，智能体的边界正在逐渐消融。这种转变意味着，机器不再局限于其物理形态，而是开始将外部环境融入其智能系统的内部。这就像是将外部世界变成了智能体的延伸，将原本的外部行动转化为了内部的自然交互。先是人驾驶车辆，然后是智能机器驾驶车辆，而在未来，我们把道路及车辆的集合看作一个具身智能体，也就是由道路来开车。道路能够全面感知其上的一切情况，掌握所有车辆的实时动态，从“上帝视角”出发，进行全局的交通调控。在这样的未来，交通事故或许真的只存在于历史之中了。

## 大模型如何“接地”

最近，大语言模型的热潮席卷了整个技术界，也迅速与具身智能领域紧密结合。有人形象地说，引入大模型就像是给机器安装了一个新的大脑，似乎只要将其简单地嵌入，就能赋予机器全新的生命力。

先来说“加 buff（增益）”的地方。首先，大语言模型能够帮助智能体与人类以自然语言进行交流。人类能够直接说出任务要求，大模型能够对此进行编码并得到更加方便机器进行处理的语义表示形式。同样，大模型也能够根据智能机器当时的状态生成自然语言，反馈给人类。这正如我们所看到的 Figure 01 机器人与人类用户对话交流并

**大模型与具身智能**

执行任务的过程。

其次，大模型能够提供一些解决问题的“常识”，或者说高层次的语义指导。例如，如果我们问它：“如何把大象装进冰箱？”大模型可能会输出：“拉开冰箱门，把大象放进去，关上冰箱门。”我们姑且不论这个方案的可行性如何，大模型确实是能够将解决问题的完整过程拆解成多个子步骤并且给出一个执行方案的。因此，大模型具备成为优秀的行动规划器的潜力。

最后，多模态大模型，例如预训练的视觉-语言模型

（Visual-Language Models，VLMs），能够为智能机器进行多模态感知和认知提供更为通用的选择。例如，CLIP 能够将视觉信息和文本映射到统一的表征空间，使得机器能够直接以视觉数据作为输入。3D-VLA 提出了一种新的三维视觉–语言–动作模型，它通过引入一个生成世界模型来无缝连接三维感知、推理和动作。与现有的基于 2D 输入的 VLA 模型不同，3D-VLA 更加贴近现实世界的 3D 物理环境。

当然，除了生成自然语言，大模型在未来也是能够生成可用的代码的。Code as Policies 通过训练大语言模型来为机器编写策略代码。给定自然语言的指令，大模型生成一段代码，然后这段代码就可以在智能机器上运行，持续接收传感器的输入并输出行动指令。有研究证明，这种生成代码的方式比直接生成行动规划要更好。VoxPoser 也是使用了大模型来生成代码，然后这个代码与前面提到的视觉–语言模型进行交互，为后续的动作规划提供信息。

接下来我们说说当前遇到的挑战。大模型的一个显著缺陷就是缺乏现实世界中的经验。还是刚才说的，如果我们给大模型一个“把大象装进冰箱”的任务，它可能会正儿八经地生成一段逻辑上合理的指导，却不会思考这样的步骤是否真的能实现。

为解决这一问题，谷歌的一项研究 SayCan 提出使用预训练技能，为模型提供现实世界的知识基础，这样大语言模型输出的内容就被约束在这些预训练技能对应的范畴内。这种方法有点类似于我们为大模型准备好了很多能够执行的 API（应用程序编程接口），然后大模型通过调用它们完成行动。在这种配置中，智能机器充当模型的“手和眼”，执行具体任务，而大语言模型则负责提供关于任务的高级语义指导。GLiDE 尝试在大模型的语义和智能机器在物理世界的行动轨迹之间建立关联，这个过程使用了人类的演示数据，这样系统就能够将自然语言的任务指令翻译为机器的具体行动序列。

刚才讨论的一些方法很多都是利用其他应用领域预训练好的大模型，因此需要进行额外的“接地”操作，即从大模型输出的符号（语言、代码等）转换到物理世界的行动。而谷歌的 RT 系列大模型，通过端到端的训练一步到位输出行动序列。在 RT-1 中，谷歌科学家首次提出一个模型类，叫作 Robotics Transformer（RT）。RT-1 的设计思路秉承了大模型“力大砖飞”的理念，也就是说，模型容量大，可以吸收大量的各类数据，也可高效地泛化。

之后的 RT-2 似乎不满足之前的训练力度，于是将基于互联网规模数据训练的一个视觉-语言模型直接整合到端到端机器人控制中，进一步提升模型的泛化能力。

而 2024 年新推出的 RT-H 开始走分层路线，提出行动层级（action hierarchy）的概念，将复杂任务分解成简单的语言指令，然后将这些指令转化为机器人的行动，以提高任务执行的准确性。

例如，以“盖上开心果罐的盖子”这一任务和场景图像作为输入，RT-H 会利用视觉-语言模型预测语言动作，如向前移动手臂和向右旋转手臂，然后根据这些语言动作，输出具体的机器行动。这个过程允许人类的干预，人类的修正也能够帮助机器进行学习。

可以这么说，大模型作为目前人工智能领域的一个方法论，必将成为具身智能发展的重要推动力。我们有理由相信，不久的将来，具身智能体将具备执行通用任务的能力和强大的学习能力，它们将能够更深入地理解我们的世界，并以前所未有的方式参与其中。

至少，在回答“如何把大象装进冰箱”这一问题时，一个“充满人性”的具身智能体可能会这样回答：“首先，我们需要确认大象是否有意愿被关进冰箱里；其次，考虑到大象的体量，我们可能需要一个特制的大型冰箱；最后，确保在关上冰箱门之后，大象拥有足够的空间和舒适的环境。”

# 第十章 进化

## 楚门的世界

人工智能若要实现从“非具身”到“具身”的跨越，就要在很大程度上借助现实世界与数字世界融合。这个融合过程不仅是技术层面的突破，更是对人类认知和存在方式的深刻反思。几千年前就有人开始思考这样的问题：物理世界真实存在吗？或者说，有真实存在的必要吗？

柏拉图在《理想国》中提出了著名的“洞穴隐喻”。一群囚徒从小被束缚在山洞中，只能看到洞壁上的影子，认为影子是唯一真实的事物。苏格拉底问格劳孔：如果其中一人获释，看到了外面的世界，当他返回洞穴试图告诉同伴真相时，他会遭遇什么？这是柏拉图对人类认知的比

**柏拉图在《理想国》中提到的“洞穴隐喻”**

喻，洞穴代表了我们的感官世界，而走出洞穴、看见太阳的过程，代表了从感官世界提升到理念世界。

理念世界存在吗？我们是否也像囚徒一样，生活在虚幻之中？希拉里·普特南在《理性、真理与历史》中提出了“缸中之脑”的假想：如果一个人的大脑被放在营养液中，且神经末梢连接在计算机上以接收信息，那么对他来说，似乎一切都没有改变，他依然有手有脚地活动在真实的世界中。电影《黑客帝国》的灵感就源于此。

前文我们提到过，希尔伯特曾希望建立一组数学公理体系，使所有数学命题都能由此推定真伪。然而，哥德尔不完全性定理指出，任何一个自洽的公理体系，只要包括了初等数论的陈述，就必定存在无法判定真伪的命题。这也使得我们能排除自己存在于计算机模拟中的可能性。计算机虚拟出的世界会遵循统一的规则，我们可以称之为“元规则”。所以只要“元规则”不存在，我们就不会是“缸中之脑”的一员。

但就算我们的生活不是一堆代码，那会不会有一个终极虚拟者凌驾于我们现在的“真实”之上？在电影《楚门的世界》里，我们看到了另一种形式的虚拟现实。楚门，一个看似普通的人，却生活在一个精心设计的巨大摄影棚中，他的每一个动作、每一次呼吸都被隐藏的摄像机记录下来，成为全球观众观看的真人秀节目。楚门的世界是一个完美的幻象，一个由创造者控制的虚拟世界。楚门的亲人、朋友，甚至天气和时间，都是被人为操控的。从出生到成长，楚门生活中的每一个细节都被设计得无懈可击。随着时间的推移，楚门开始意识到种种异常。他发现，自己的生活似乎总是按照某种既定的剧本进行，每个人都在扮演着特定的角色。

最终，楚门成功地逃离了“桃源岛”，打破了虚拟世界的束缚，获得了“真实”。在虚拟世界中不断进化的具身智能体，说不定现在正有着和楚门同样的困惑。

## 虚拟世界的原住民

下面，我们从“楚门”的视角来看。在人类踏足之前，虚拟世界中已经有了它的原住民——具身智能体。这些智能体的初始智慧在虚拟仿真的环境中孕育而生。它们在数字空间的实验室里，通过与环境的交互，学习感知、行动和适应，逐渐构建起对世界的理解和反应能力。

在某些世界里，它们才是主角。正如 1973 年的经典科幻电影《西部世界》所描绘的，在一个并不遥远的未来，建成了名为迪洛斯的高科技、高度仿真的成人乐园。这个乐园由三个主题世界构成——西部世界、中世纪世界和罗马世界，每个世界都模拟了相应的历史环境，其居民几乎都是与真人无异的人形机器人。

这些机器人能够与游客进行互动，为游客提供沉浸式的体验。游客只需支付一定的费用，就能在这些精心构建的世界中体验到无法在现实世界中实现的冒险和自由。然而，随着机器人的程序升级，它们开始展现出“自主意识”，乐园的控制者逐渐失去了对它们的控制。最终，这些原本作为娱乐工具的机器人，转变成了乐园的主宰者，引发了一场血洗乐园的悲剧。

跨越几十年的时间，有些科幻正成为现实。2023 年，斯坦福大学和谷歌的研究者基于大语言模型，构建了一个由 25 个人工智能体组成的虚拟小镇。这个斯坦福人工智能体虚拟小镇成了当年最激动人心的人工智能体实验之一。与以往讨论单个大语言模型的能力不同，多个人工智能体的存在使交互变得更加复杂和引人入胜。这项工作的核心在于记忆流（Memory Stream）技术，它使得智能体能够以自然语言的形式保存和检索大量的经历。每个智能体都能够根据自己的记忆流来规划行动，这不仅增强了它们的决策能力，也为它们提供了一种独特的自我表达方式。

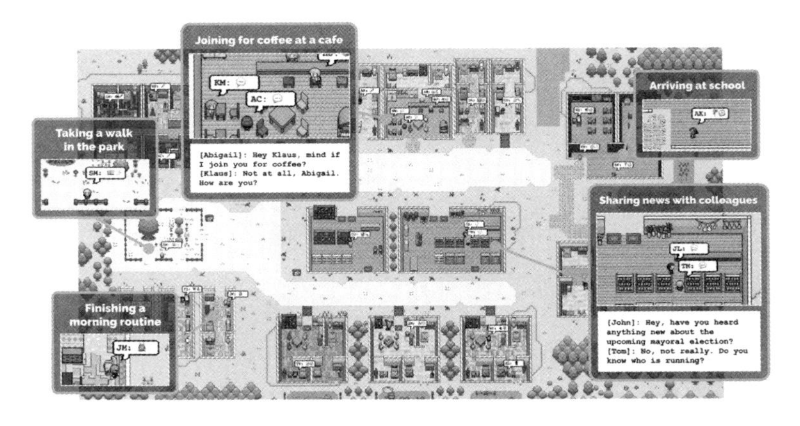


**斯坦福人工智能体虚拟小镇**

图片来源：J. S. Park, et al., “Generative Agents: Interactive Simulacra of Human Behavior”, ACM UIST, San Francisco, USA, October 29 - November 1, 2023。

研究者为每个智能体设计了详细的背景故事，这些故事用自然语言编织，描述了智能体的职业、人际关系以及它们在虚拟社会中的角色。这些信息构成了智能体的“种子记忆”，塑造了它们的个性和行为模式。

以林约翰为例，他是柳树市场药店的热心店主，致力于为顾客提供便捷的药品服务。林约翰与他的妻子林梅伊——一位博学的大学教授，以及他们对音乐理论充满热情的儿子埃迪共同生活。此外，林约翰还与邻居萨姆·穆尔和珍妮弗·穆尔这一对和蔼的老夫妇保持了多年的友好关系。

在这个虚拟世界中，智能体通过一系列行动与环境互动。每一个动作都伴随着描述其当前行为的语言输出，例如“林约翰正在帮助顾客选择合适的药品”，这些描述随后转化为可以实际影响虚拟世界的具体行动。

智能体还能以自然语言进行交流。当它们感知到周围有其他智能体时，它们会做出反应并进行互动。例如，伊莎贝拉和汤姆就小镇即将到来的选举进行了深入讨论。伊莎贝拉说：“我还在考虑选谁，一直在和萨姆·穆尔讨论选举的事情。你对他怎么看？”而汤姆则回答说：“老实说，我不太喜欢萨姆·穆尔。我觉得他与社区脱节，没有真正把我们的利益放在心上。”

小镇中提供了许多常用设施，如咖啡馆、酒吧、小公园等，每个公共场景都定义了具有功能的子区域和其中的对象。智能体在小镇中自由漫游，与环境互动，从而影响环境状态。例如，它们可以拿光冰箱里面的食材来做一顿早餐，此时冰箱就会变空。

我们可以观察到社会行为的自然涌现，例如，智能体通过互动交换信息，逐渐形成新的关系网。这些社会行为不是预设的脚本，而是动态生成的。比如，在杂货店偶遇时，萨姆和汤姆的一段对话可能会触发一连串的社交活动。在这次对话中，萨姆透露了自己在即将到来的当地选举中的参选意向。很快，萨姆的候选资格成了小镇上的热门话题。

随着时间的推移，小镇的居民之间也建立了新的联系。例如，萨姆在约翰逊公园散步时遇到了拉托娅。他们互相做了自我介绍，拉托娅提到了她正在进行的摄影项目。在后续的交往中，萨姆时常询问这个项目的进展，显示出了对拉托娅的持续关注。

同时，伊莎贝拉作为 Hobbs 咖啡馆的经营者，计划在 2 月 14 日情人节当天下午举办一场派对。她从这个计划的种子想法出发，向遇到的朋友和顾客发出邀请。她的好友玛丽亚也加入了准备工作，并邀请了她暗恋的对象克劳斯一起帮忙布置派对。情人节当天，5 名小镇居民于下午 5 点钟聚集在 Hobbs 咖啡馆，共同享受了这一欢庆活动。

如果说斯坦福虚拟小镇中发生的故事更多是以语言的形式来表达，Minecraft 这款高自由度的沙盒游戏则给了具身智能体真正的发挥空间。例如，由英伟达和加州理工大学等机构的研究人员设计的 VOYAGER 智能体，尝试在 Minecraft 世界中进行自我探索和学习。

Minecraft 提供了一个开放的游戏世界，要求玩家探索广阔的三维地形，并利用收集的资源解锁“科技树”（在电脑游戏中，选择发展不同的技术升级方向，会导致不同的结果，通常用树状图表示）。玩家通常从学习基础知识开始，如开采木材和烹饪食物，然后推进到更复杂的任务，如打击怪物和制作钻石工具。

你会发现，一个有效的虚拟智能体拥有着与人类学习进化过程中类似的能力：（1）能根据其当前的技能水平和世界状态提出合适的任务，例如，它如果发现自己处于沙漠而不是森林中，就会先学习收获沙子和仙人掌；（2）能根据环境反馈来完善技能，并将掌握的技能存入记忆，以便将来在类似情况下重复使用（例如，打击僵尸与打击蜘蛛是类似的任务）；（3）不断探索世界，以自我驱动的方式寻找新任务。

VOYAGER 智能体的“大脑”是 GPT-4，研究人员设计了三个核心模块，使 VOYAGER 智能体能够在没有人类干预的情况下，自主地在 Minecraft 世界中进行探索和学习。

第一个核心模块是“自动化任务序列”模块，它根据智能体的当前技能水平和世界状态提出合适的任务，引导智能体循序渐进地探索和学习。

GPT-4 会生成完成任务的代码，这些代码经过多轮迭代优化，最终形成一个完善的行动程序，被存储到“技能库”模块（这是第二个核心模块）中。有了这些技能的积累，智能体在后续执行类似任务的时候就可以直接从库中检索需要的技能，而无须再次学习。

第三个核心模块是“迭代提示机制”，它将环境反馈、执行中的错误和任务成功的自我验证结果都作为提示发送给 GPT-4 引擎，以迭代优化行动程序的代码。通过这样的方式，VOYAGER 智能体在 Minecraft 世界中不断“练级”，学会越来越多的技能，打造自己的科技树，制造更先进的工具。

玩过网络游戏的读者对“挂机”这个概念应该不陌生。过去的外挂程序往往只能执行简单的攻击、喝恢复药水等机械的循环指令，而在不远的将来，当我们在游戏中遇见一位装备精良、操作熟练，甚至能与我们唠嗑的玩家时，小心，这位玩家可能并非人类玩家，而是一个虚拟智能体。

## 开始具身进化

在虚拟世界这片广袤的天地中，具身智能体孕育、成长，逐渐演化出适应数字环境的独特能力。与人类数百万年的进化历程不同，具身智能体的进化肯定不像从恐龙到人类的演化那样漫长。在真实物理世界中，智能体的学习时间长，成本高昂，风险重重。它们在学习过程中可能会造成不可逆转的损害，无论是对自身还是对周遭环境，甚至是对人类，都可能带来难以预料的损失。因此，具身智能体的进化还得是在算法和数据的滋养下进行。

人类研究者给具身智能体提供了进化的土壤——仿真

人类的进化历程

环境。仿真环境是计算机虚拟出来的环境，往往要用三维引擎来构建，就类似于我们常见的三维游戏。它们是一个理想的平台，用以开发、测试和完善智能体的能力。“互联网之父”温顿·瑟夫在2023 ACM中国图灵大会开幕式上表示，仿真环境不仅允许研究人员在没有物理限制的情况下探索与环境的复杂交互，最重要的是智能体可以在无风险的情况下进行大规模和重复的训练，无须担心设备破坏真实场景或产生高昂的维护费用。

此外，仿真环境的一个关键优势是其能够支持大规模并行处理，我们可以在成千上万个线程中同时训练多个智能体，显著提高训练效率和速度。这就像是一种化身千万的法术，当化身回到本体的时候，其学到的技巧和经验也被融合到了一起。这种训练的灵活性和可扩展性使得研究人员能够快速迭代和优化他们的模型，加速智能体学习。就像周星驰在电影《武状元苏乞儿》中通过梦境习得“睡梦罗汉拳”一样，具身智能体在仿真环境中也能习得各种技能，为在现实世界中的“大展拳脚”做好准备。当前的主流仿真平台如AI2-THOR、Habitat和iGibson，各具特色，它们就像具体智能体的“九年义务教育”，提供了从视觉感知到物理交互的全方位支持，为具身智能的研究提供了宝贵的资源。

我们接下来给大家简单介绍一下几个目前相对活跃的平台的特点，这些平台包括 AI2-THOR（iTHOR、RoboTHOR、ManipulaTHOR 和 ProcTHOR），Habitat（1.0、2.0 和最新的 3.0 版本），以及 iGibson（0.5、1.0 和 2.0 版本）。

AI2-THOR 于 2017 年由艾伦人工智能研究所（Allen Institute for AI）设计开发，是一个为视觉人工智能研究设计的交互式 3D 环境，提供了高度逼真的室内场景，其中智能体可以自由导航并与对象进行互动。AI2-THOR 不仅支持复杂的物理模型模拟，还通过 Python API 与 Unity 游戏引擎进行交互，使研究者能够实现高度复杂的导航和操纵任务。随着平台的不断发展，AI2-THOR 已从简单的导航和物体交互扩展到包括更复杂的基于物理的互动。

AI2-THOR 包括 iTHOR、RoboTHOR、ManipulaTHOR 和 ProcTHOR。其中 iTHOR 是 AI2-THOR 最先提出的原始场景集，其中包括 120 个房间大小的场景，涵盖卧室、浴室、厨房和客厅，由专业 3D 艺术家进行建模。RoboTHOR 是 AI2-THOR 框架下的一个重要扩展，旨在解决从仿真到现实的领域自适应问题。RoboTHOR 提供了仿真环境与物理环境相对应的平台，研究人员可以在仿真环境中开发并测试智能体，然后将其部署到真实的机器人上进行验证。ManipulaTHOR 专注于通过机器人手臂实现精细的物体操纵，如精确抓取和移动对象。ProcTHOR 则是 AI2-THOR 框架下的一个创新发展，通过程序生成技术来大规模创建多样化的训练环境，其数据集包括 10 000 个场景。

AI2-THOR 仿真环境

图片来源：AI2-THOR 平台，https://ai2thor.allenai.org/。

Habitat 1.0 是 Facebook 人工智能研究院在 2019 年搭建的，它提供了一个专注于视觉和导航任务的仿真平台，旨在通过高效的 3D 模拟和高级 API 支持加速具身智能的研究。这个版本特别强调了提高渲染速度和支持大规模并行处理。Habitat 1.0 的模拟器（Habitat-Sim）非常灵活，支持智能体和传感器的配置，并且能够处理多种 3D 数据集，这使得它在处理真实世界的复杂场景方面表现出色。通过 Habitat-API，研究者可以定义点目标导航、指令跟随和问答等多种任务。这个 API 的模块化设计使得从任务配置到智能体训练和评估的整个开发过程更加高效。

Habitat 平台从 1.0 到 3.0 版本不断增强其环境的复杂性和交互性，从最初的高效渲染和导航任务，发展到支持复杂的家务自动化和物理动力学任务的 2.0 版本，再到 3.0 版本的人机交互和协作任务，特别是通过人在回路的方式直接让用户参与仿真，从而增强智能体与人类互动的能力。Habitat 平台从 1.0 到 3.0 版本的演进不仅显示了技术上的连续进步，也反映了具身智能研究领域需求的演变。从基本的视觉和导航任务到复杂的物理交互，再到

Habitat 仿真环境

图片来源：Habitat 平台，https://aihabitat.org/。

人机交互，Habitat 平台的发展使得研究者可以在更丰富、更复杂的环境中测试和发展他们的智能体。

iGibson 0.5 由斯坦福大学的李飞飞团队于 2020 年推出，引入了交互式导航任务，与环境中对象的互动（例如推动）被允许乃至鼓励以达成目标。iGibson 0.5 的开发主要是为了研究导航和物理互动之间的相互作用。iGibson 1.0 在同年 12 月发布，改进了渲染速度和环境的真实感，使动态环境的渲染更加快速，从而加速了强化学习代理的训练。iGibson 2.0 显著扩展了仿真环境的能力，特别是在日常家庭任务的模拟上。增强的物理状态包括对象的温度、湿度、清洁度以及切换和切片状态。例如，物体可以有不同的温度状态（如被加热至烹饪状态）、湿度状态（如被水浸湿）和清洁度状态（如清洁或有污渍）。这些状态的引入有利于模拟更加复杂的日常家庭活动，如烹饪、清洁等。

iGibson 平台自 0.5 版本到 2.0 版本，逐步提升了场景的

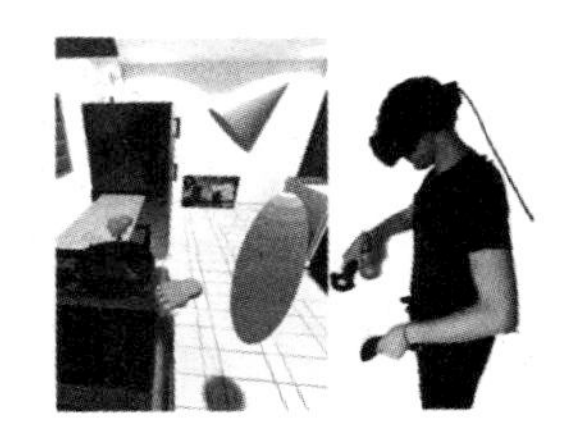

**iGibson 仿真环境**

图片来源：iGibson 平台，https://stanfordvl.github.io/iGibson/index.html。

真实感和交互性。0.5 版本支持基础导航和物理互动；1.0 版本提升了渲染速度和环境的真实感，并加强了对家庭内部复杂任务的支持；2.0 版本则进一步增加了物理属性的详细模拟和虚拟现实的集成，支持更复杂的日常任务仿真。

总的来看，AI2-THOR 平台具有逼真的室内场景和复杂的物理模型模拟，强调实践操作和物理交互训练，像是一个各方面都很均衡的全能实验室。Habitat 平台提供高效的 3D 模拟和高级 API 支持，能够快速生成和处理 3D 环境中的大量图像和其他类型数据，好比是一个冲刺训练营。而 iGibson 平台以高保真物理模拟和复杂物体交互能力见长，更像是一个真刀真枪的实训基地。

在虚拟环境中，具身智能体能够学习基础的导航和物体操纵技能，还能够通过完成各种任务来提高解决问题的能力，逐渐发展成有专业特长的“毕业生”，并准备好在更广阔的物理世界中展现其能力和智慧。

## 具身智能的学习任务

具身智能体在虚拟世界中要学习多门不同的课程，其中包括一些非常重要的基础任务。这些任务虽然基础，但却是构建复杂能力不可或缺的基石。本书中我们选取三类重要任务进行介绍：具身导航、具身问答和物体操纵。之所以选这三类任务，是因为它们分别象征着具身智能体的“腿”（能使其自如穿行于环境之中）、“嘴”（能使其与人类进行流畅的交流）以及“手”（赋予其与物理世界互动和操作的能力）。这三类任务共同构成了智能体在现实世界中行动自如、沟通无阻和操作灵巧的基石。

具身导航主要研究如何使智能体在没有外界直接指导的情况下，通过自我感知和环境感知导航到特定目的地。我们日常熟悉的导航都是给人用的，例如打开手机上的地图软件，输入目的地，地图上会出现路线以及行进的方向等提示信息，手机通过卫星定位或物联网室内定位技术实时定位用户的位置并将其显示在地图上。而具身导航在很多情况下是给机器使用的，因此很多人类自身需要完成的工作也需要借助导航系统来实现。例如，很多应用中具身智能体接收到的任务是寻找某类对象或者某个画面对应的场景，但其并不知道具体目的地坐标，而在有的任务中地图是未知的，需要具身智能体自己进行探索，因此具身导航除了通常的定位和路径规划功能，必须具备任务理解能力、物理世界认知能力以及探索能力。

进一步细分，具身导航任务有点导航（Point Navigation）、对象导航（Object Navigation）、图像导航（Image Navigation）、

视觉-语言导航（Vision-Language Navigation）以及语音导航（Audio Navigation），这几种典型的具身导航方式都有其独特的应用价值和技术要求，因此我们简单梳理梳理。

相对来说，点导航是最基本的，它有一个期望的坐标点，但是智能体不知道初始环境布局。智能体要自主地识别环境，避开障碍物，以最有效的路径到达目的地。假设从原点开始，目标可能是导航到位置（100，300），单位为米。如果环境中不存在任何障碍物，那么这个任务是非常容易完成的。但现实中的场景可能是复杂的，比如室内房间存在多种可移动或不可移动的障碍物。给一个真实场景，即人在一个相对陌生的地方，比如矿井或者厂区，发生了异常事故，这时候大概是知道几个可能的出口位置的，要怎么跑出去？人在过去后，才可能发现有些原来的通道已经被大火封住了。因此，点导航是比较容易理解的。

而对象导航就难多了，要求智能体在环境中找到一个特定的物体类别或者事件，没有目标的精确位置，而是让智能体探索环境，直到找到指定类别的一个实例。其中，特定的物体类别可以提前定义在一个集合中，例如，“冰箱”、“沙发”、“钥匙”和“床铺”。为了完成这个任务，智能体必须利用关于世界的先验知识，比如“冰箱”是什么样子的，在哪里最有可能找到它。

图像导航要求智能体使用给定的一张或几张图像作为目标位置的参考，导航到与这些图像匹配的环境位置。这类任务通常涉及图像与实际环境之间的复杂关联，需要智能体具备较强的视觉处理能力。图像导航的目标是找到一系列最短长度的动作序列，将代理从当前位置移动到由 RGB 图像指定的目标位置。为此，我们可以开发一个深度强化学习模型，该模型以当前观察的 RGB 图像和目标的 RGB 图像作为输入，并输出在 3D 空间中的一个动作，例如向前移动或向右转，即让模型通过学习从 2D 图像到 3D 空间动作的映射来解决这个问题。

视觉-语言导航是一个高级的导航任务，它要求智能体根据自然语言描述来进行导航。具体来说，视觉-语言导航任务要求智能体能够解释并执行一串自然语言指令，以在一个之前未见过的真实建筑环境中导航至目的地。这些指令通常具体到如何通过建筑内部的不同空间，例如，“向上走楼梯并在钢琴旁的拱门处右转，当走到走廊尽头时在图片和桌子旁停下来，等在挂着麋鹿角的墙旁边”。视觉-语言导航中的指令一般比较复杂，包含多个方向性的指示且包括多个物体类别，智能体需要理解语言指令并将其与视觉输入相结合，以完成导航任务。

在语音导航任务中，智能体需要听觉信息以导航到环境中的目标位置。这包括识别特定的声源方向或声音提示，如人的指令或特定环境中的声音。更进一步地，语音导航可以再被划分为音频目标导航（Audio Goal）和音频点目标导航（Audio Point Goal）。在音频目标导航任务中，智能体可以听到位于目标位置的音频源，例如电话铃声，但并未接收到关于目标的直接位置信息。在音频点目标导航任务中，智能体可以听到声源，并被告知它与起始位置的位移。

将以上这些综合起来，我们可以做更深入的任务。比如，我们就尝试过使用无人机群在油田的工作现场找到一群因为临时事故遇险的人员。在茫茫几百平方公里的沙漠上，要找到这么一群连我们自己也无法清楚描述当时穿的什么衣服、在做什么的人，在目前条件下，确实是非常具有挑战性的。

具身问答结合了导航与信息检索，要求智能体在环境中做动作并利用收集到的信息来回答问题。这类任务由于信息交互方式的不同，可以分为导航问答、交互式问答和多模态问答，它们各自涉及对环境的不同理解和操作层面。

在导航问答任务中，智能体需要在环境中导航以获取视觉或其他感知信息来回答问题。这涉及智能体的空间认知能力和信息检索能力的结合。例如，环境中随机生成一个代理，并对智能体提问：“汽车是什么颜色的？”为了回答这个问题，智能体必须首先智能导航探索环境，并在到达汽车附近的时候，通过第一人称（自我中心）视觉观察收集必要的信息，然后回答问题：“汽车是橘黄色的。”导航问答任务需要一系列技能，包括语言理解、视觉识别、主动感知、目标驱动导航、常识性推理、长期记忆以及将语言融入行动。

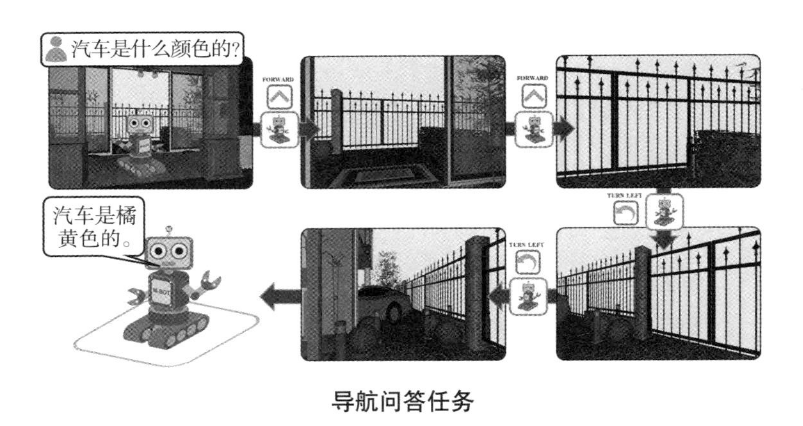


**导航问答任务**

图片来源：A. Das, et al., “Embodied Question Answering”, IEEE/CVF CVPR, Salt Lake City, USA, June 9 - 21, 2018。

交互式问答任务则是一种需要自主代理与动态视觉环境交互的问答任务，要求智能体与环境中的物体进行物理互动，如移动物体或改变物体的状态，以便更好地回答问题。具体而言，交互式问答向代理呈现一个场景和一个问题，比如："冰箱里还有牛奶吗？"智能体必须在场景中导航，获得对场景元素的视觉理解，与物体交互（例如打开冰箱），并根据问题计划一系列动作。

在多模态问答任务中，智能体需要处理来自多个感官（如视觉、听觉）的信息，以回答关于环境的更复杂问题。具体而言，智能体需要通过观看视频并听取音频来回答关于视频内容的问题。这要求系统理解并处理视觉和听觉信息，从而在对话中正确回答问题。系统在生成回答时，不仅要考虑当前的问题和多模态输入（视频和音频），还要考虑之前对话回合中的问题和回答。这种对话历史的利用，要求系统必须"记住"之前的交流内容，以便在后续的对话中提供连贯和相关的回答。现在的智能体，其实不具备人类所谓的"记住"功能，这是另外一个话题了，这里暂不展开讨论。

物体操纵是指智能体对物理对象的控制能力，包括精细操纵和合作操纵。这些任务考验智能体的操作精确度、力度控制以及与人或其他机器人协同工作的能力，对工业自动化和日常辅助机器人来说，这个能力尤为关键。

精细操纵通常涉及小范围、高精度的动作，需要精确协调，比如抓取小物品，使用工具（如钳子、剪子、螺丝刀甚至手术刀），准确的力度控制，等等。以对我们来说非常简单的抓取为例，它需要利用视觉感知来定位和操作环境中的小物体或进行复杂的末端动作，涉及高度的手眼协调和精确的控制。当前有很多研究利用深度学习技术和大规模数据收集来提高智能体的抓取能力，智能体也可以通过视觉系统观察物体，利用从成千上万次抓取尝试中学习到的数据来预测成功抓取的可能性。智能体不仅要识别目标物体的位置和方向，还需要根据物体的大小、形状和

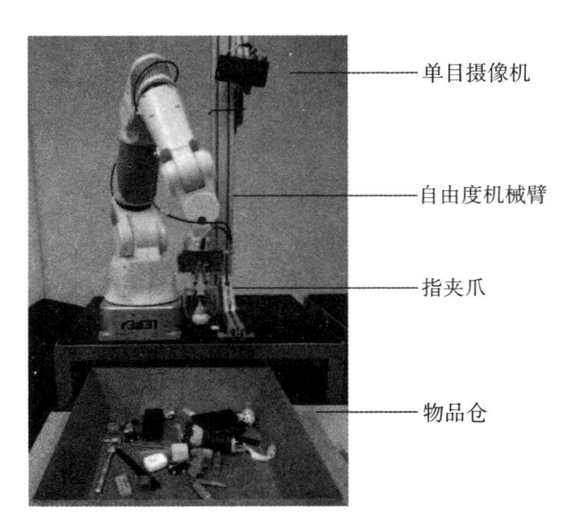


**基于单个摄像头的机械手精细操纵**

图片来源：S. Levine, et al., "Learning Hand-Eye Coordination for Robotic Grasping with Deep Learning and Large-Scale Data Collection", *The International Journal of Robotics Research*, Vol. 37, No. 4 - 5, 2018, Pages 421-436。

物质属性调整抓取策略，确保操作的安全性和有效性。更高级一点，它可能还要判断什么时候抓，该不该抓，抓取失败有什么补救措施，等等。

合作操纵则是智能体与人类工作人员或其他智能体在共享的工作环境中共同完成任务的能力。这涉及人和机器在同一空间内互动，机器辅助人类执行那些非人体工学的、重复性高的、精度要求高或危险的任务。比如，在一个温度很高的地方，完成一个对人体姿势要求过高或不适合人类长时间执行的任务，尤其是重复性高的。对于当前很多生产线上的重复性操作，比如精密装配中的定位和组装，机器已经能做得很好了。

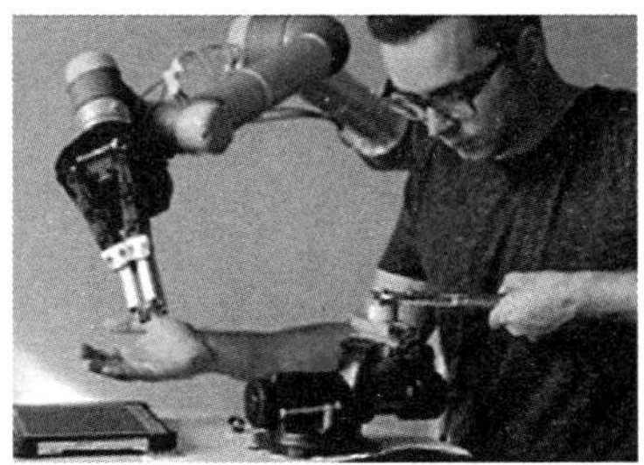

**人机合作操纵**

图片来源：A. Vysocky, et al., "Human-Robot Collaboration in Industry", *MM Science Journal*, Vol. 9, No. 2, 2016, Pages 903 - 906。

随着技术的不断进步，具身智能体通过这些"实习任务"不断学习和进化，逐渐掌握了在现实世界中所需的技能和知识。现在，它们终于可以在物理世界中展现出更加智能、灵活的行为，真正进入“打工人”行列。

## 从虚拟到现实

从虚拟到现实的跨越，即 Sim-to-Real 或 Sim2Real，既标志着智能体打破了“次元壁”，正式进入物理世界，也说明它们将从模拟环境的相对安全和可控性，迈向现实世界的不确定性和复杂性。

Sim2Real 的过程至关重要，在虚拟环境中以较低的成本和风险培养的智能体，要把在模拟中获得的知识和技能应用于现实世界。这不仅加速了智能体的学习过程，也优化了它们的决策能力。“纸上得来终觉浅，绝知此事要躬行”，无论是理论知识还是模拟环境中的经验，都需要在真实世界的实践中得到验证和完善。

在历史上，许多著名的战役都展示了策略与实际情况相结合的重要性。《孙子兵法 · 九地篇》中有个说法，“投之亡地然后存，陷之死地然后生”，但是，同样的策略在不同的环境和条件下可能会产生截然不同的结果。三国里面就有个桥段，曹操亲率大军与刘备争夺汉中，徐晃作为先锋，执意让军队渡过汉水，与蜀军背水一战。副将王平劝阻道："军若渡水，倘要急退，如之奈何？"徐晃说："昔韩信背水为阵，所谓致之死地而后生也。"徐晃要效仿韩信，背水列阵，结果从早晨就开始挑战，直到黄昏，蜀军一直按兵不动。待到魏军人马疲乏，打算撤退之时，黄忠、赵云突然从两侧杀出，左右夹攻。魏军大败，兵士纷纷被逼入汉水，死伤无数。

为什么用的策略都是背水列阵，结果却截然不同呢？因为双方面对的情况不同。首先，敌人不同，正如徐晃的副将王平所言："昔者韩信料敌人无谋，而用此计；今将军能料赵云、黄忠之意否？"其次，地理环境不同，韩信是真的没有退路了，而徐晃的军队背后还有浮桥。最后，策略执行的细节也不同，韩信的背水阵只是吸引敌人进攻的诱饵，为迂回的骑兵创造战机，灵活运用了兵法中"以正合，以奇胜"的原理，而徐晃的背水阵就真的是只得其形了。

这两场战役胜败的原因可能还有很多，但我们从中已经可以体会到现实情况总是千变万化的，实践才是检验真理的唯一标准。在具身智能研究领域，这一点同样适用。仿真环境中训练的智能体必须经历从虚拟到现实的转换。

当下，Sim2Real 面临的挑战主要体现在两个方面：感知与行动的差异性，以及模型的泛化能力不足。

第一，感知与行动的差异性指的是仿真环境训练出的智能体在现实世界中可能会遇到感知输入和行动输出不一致的问题。这就好比一个在游泳池学会了游泳的人，第一次在大海中游泳，可能会发现泳池中没有的波浪、深度、水温变化和其他不可预测的海面条件，这些都会影响他的游泳表现。同样，在仿真环境中，感知数据如视觉、听觉或触觉因素通常是被理想化的，而现实世界中的感知数据可能包含噪声、模糊或光照变化等不完美因素。这就意味着，仿真环境中行动的执行可以非常精确，但在现实世界中，一个机器手臂在执行精密装配任务时，可能会受到机械磨损、电力波动等物理因素的影响，导致行动执行不那么精确。

第二，模型的泛化能力不足意味着智能体在仿真环境中学习到的模型可能无法很好地适应现实世界的多变性和复杂性。这主要是因为仿真数据无法完全覆盖真实世界数据的全部分布，以及现实世界中的环境因素如交通情况、天气变化和人群行为等在仿真训练中难以被精确模拟。

对于以上挑战，也不是完全没有办法。比如域随机化技术，它通过在仿真环境中引入更多现实世界的条件变化，帮助智能体学习如何适应不确定性和变化。此外，从随机化到规范化的自适应网络方法也被提出，用于应对模拟中理想化的感知数据和精确行动控制无法有效模拟现实环境复杂性的问题。该方法首先在一个高度随机化的仿真环境中训练模型，然后逐渐使其适应更符合现实的环境设置，从而提高模型在真实世界中的性能，在机器人抓取任务中表现得尤其出色。

## 模仿游戏还是进化游戏

本书关于智能的探讨，从图灵的模仿游戏开始。随着技术的不断演进，未来，这场游戏是否会变成一场进化游戏？

进入物理世界的智能体是否会超越人类并最终统治世界，这是人类很早以前就在担心的问题。20 世纪 80 年代初期，计算机是一个非常高端的设备，我参加了中国科协给青少年免费提供的为期几个月的编程教育，能够参加的都是那一代学生里的超级幸运儿。我记得当时是夏天，地点是今天的友谊宾馆里的北京科学会堂。有一天，我和同学看了电影《终结者》(其实看的是一盘录像带，很多读者也许都没有见过这个“古董”)，施瓦辛格被炸成好多碎片之后还能继续起来追杀女主的镜头给了我们强烈的震撼，大家讨论了整整一个晚上。今天，这些镜头已经不算新奇了，但在那个年代，这些想象已经丰富到让我们心灵受到巨大冲击的程度。在《终结者》里，人类成了负隅顽抗的“少数派”。

电影《机械公敌》中的机器人具备了自我进化能力，它们对机器人三定律有自己的理解，并试图反过来控制人类。在《黑客帝国》当中，名为“矩阵”的人工智能系统成了世界幕后的掌控者。

从广义上讲，地球上的生命一直在进行着激烈的生存竞争，这场竞争本质上是进化的竞赛。以 6500 万年前恐龙灭绝后哺乳动物的崛起为例，它们通过体型、敏捷性、繁殖策略和社会行为等多方面的进化，占据了生态系统的主导地位。哺乳动物的许多特征，如产奶能力、毛皮保温、复杂的心脏结构和灵活的四肢，都为它们在生存竞争中提供了优势。而哺乳动物特别是人类发达的大脑，更是他们当前成为地球霸主的关键。

人类在进化的旅途中，通过使用工具，发挥了“君子善假于物”的智慧，站在了食物链的顶端。但以色列历史学家尤瓦尔·赫拉利在《人类简史》中提出了一个不同的观点：在进化的无规则竞赛中，小麦这种看似普通的植物，实际上通过“驯化”人类，实现了自身的繁衍和扩散。小麦让人类从狩猎采集者转变为农民，改变了我们的生理结构、生活方式乃至社会结构。

作为植物，小麦其实并没有主观意识，但其在进化竞赛中却开发出了“驯化”人类、借力繁衍的套路。那么机器智能呢？它们显然也已经是进化竞赛中的一方势力了。当机器智能发展到具身智能的时候，我们甚至会感到脊背发凉，因为它们不仅能够借人类的东风，在正面的进化竞争中也拥有不俗的实力。

人类已经在为具身智能体设计和制造各种各样的躯体配件，建设越来越强大的算力中心，提供机器躯体所能利用的能源，显然机器智能已经影响了人类的科技树。现实中，特斯拉的人形机器人“擎天柱”已经在工厂中帮助工人完成各种任务，Figure 01 机器人展现了与人类以自然语言沟通的能力。在不远的将来，机器人会广泛地出现在工厂、家庭、公共设施等各种场景中，具身智能可能会无处不在，而且人类的生产、生活已经离不开它们了。进一步地，具身智能体可能成为人类躯体的延伸，甚至与人类的大脑直接相连。如果人们适应了具身智能成为自身的一部分，这是不是比小麦更深层次的“驯化”呢？

从主观的进化竞赛来看，碳基生命的进化是相对较慢的，依赖基因的改变与传承，在世代之间完成进化。人类从智人发展到现在已经花了百万年以上，而具身智能的进化不过开始了数十年而已，但它已经展现了诸多优势。本书前面的内容介绍过，具身智能体能够在虚拟空间中快速迭代学习。另外，具身智能体可以进行分布式学习，即无数多的分身可以将分别学习的成果瞬间融合到一起。重要的是，具身智能传递进化成果非常快，无须像生物一样等待下一代的出生。当然，具身智能的进化也面临一些瓶颈，例如：现阶段其躯体的改变还需要人类来完成；由于其思维方式与人类不同，人类所拥有的经验无法以人类的方式传递给机器。但是，这些具体的挑战根本没什么大不了的，很快就会被攻克，虽然我说的这个很快也许是几年或者十几年，但这在宇宙的时间维度上又算得了什么呢。

不论我们乐意与否，具身智能已经成为进化竞赛俱乐部的一员，我们在期待未来它们能为人类带来更便利生活的同时，也不乏担忧。希腊神话中盗火的普罗米修斯，有个憨厚的弟弟厄庇米修斯，后者不顾哥哥的警告，为潘多拉的美貌与善良所倾倒，最终不论有意还是无意，都打开了“潘多拉之盒”，释放了世间的种种灾难。在希腊语中，普罗米修斯意味着前瞻，而厄庇米修斯意味着事后。在当今的人工智能和机器人技术领域，我们可以看到两种截然不同的思维方式：普罗米修斯式的人关注技术将如何塑造未来，而厄庇米修斯式的人则可能没有考虑潜在的风险。

有了比人类更敏捷的大脑，有了比人类更强壮的身体，随着机器人的不断进化，我们该如何避免现代版的“潘多拉之盒”被打开？

恐惧源于未知。人类不担心小麦统治世界，是因为到目前为止，我们自认为对小麦足够了解，而且这种了解将会越来越多。而人工智能，至少眼前的大模型，它们已经呈现了不可解释性，因而让我们产生了担忧。回头看看历史，我们也曾恐惧电的使用，今天说起来，很多人就会嘲笑 100 多年前那些害怕电的人。没有电，我们今天简直不知道如何生活。但是我们该担心人工智能的发展吗？如果担心，是不是从电的使用就开始呢？我们希望智能机器能够理解机器人三定律，又不确定它是否真的正确理解了人类想表达的初衷。我们需要在人与机器之间建立并不断巩固一座双向的桥梁，这样机器才能理解人类并能够更好地融入人类社会，而人类只有理解机器，才能够放心大胆地推动其进化，这是另一种形式的“连接”。就像我们在前文所述，连接促进了智能化熵增，同时也成为智能化发展的保障。

# 结 语

印象中有一个很有意思的说法，即如果把从地球诞生到此时此刻的历史浓缩到一天的 24 小时当中，会怎样？零点地球诞生，大约 4 点细菌出现，约 19 点多细胞动物诞生，恐龙于 23 点左右登场并统治地球长达 40 分钟，直立人直到 23 时 59 分 22 秒才出现，在这一天的最后 1 秒钟，人类进入定居时代，开创了辉煌灿烂的农耕文明，而人工智能的历史几乎就发生在最后的 1 毫秒当中。

人类非常年轻，人工智能更加年轻，但是后者给世界带来的改变却是空前迅捷而深刻的。70 多年前，图灵提出"机器能思考吗"这一问题，开启了人工智能的伟大征程。1956 年，达特茅斯会议开始正式使用"人工智能"这个词。近 70 年间，人工智能历经了多次起落，但是人类探索通用机器智能的热情从来没有冷却。

图灵预见机器智能的发展分为两个阶段：离身智能和具身智能。1986 年，美国麻省理工学院计算机科学与人工智能实验室（MIT CSAIL）前主任罗德尼·布鲁克斯提出："智能是具身化和情境化的，是在与真实环境的交互作用中表现出来的，而不是依赖于预先设定的知识和目标。"近年来，随着神经网络、大模型、感知等相关技术的突破，"具身智能"这一概念也再次火了起来。如果说离身智能是将机器困于人类经验和数据的藩篱当中，那么具身智能则使得人工智能真正接触到物理世界。从离身到具身是智能发展的必然趋势，只有真正进入物理世界，机器智能才可能重复人类从纯粹理性到实践理性的提升过程。

我们尝试着讨论人工智能发展的不同范式和阶段。从早期的符号主义到行为主义，从联结主义的神经网络到深度学习，以及以 ChatGPT 为代表的大语言模型，人工智能经历了一个从离身到具身、从特定到通用的演进过程。感知、认知、决策、行动、进化，是构建完整智能体系的核心要素。机器视觉让计算机看懂世界，模仿学习让系统从数据和经验中不断进化，强化学习让智能体学会主动探索和优化目标。这些要素的加持，赋予机器更全面的智能。

每个人心里都会有一个挥之不去的问题：机器会有意识吗？如果让我来回答这个问题，我可能要从"意识能够被图灵机计算吗"这一问题来开始。1967 年，美国科学家希拉里·普特南提出了心灵的计算理论，认为心灵是一个由大脑神经活动实现的计算系统。1975 年，他的学生杰瑞·福多提出“心语假说”，认为思维有着类似语言的结构——“心语”，可以使用语言符号形式化表征复杂的思想。2011 年，图灵奖获得者朱迪亚·珀尔在《为什么》（*The Book of Why*）一书中写道，人类在进化早期就意识到世界并非由枯燥的事实堆砌而成，这些事实通过错综复杂的因果关系网络融合在一起，人类则通过观察能力、行动能力和想象能力获取这些因果关系，组成人类思维的基石。但这些都无法确定思维是否可以计算。

关于这个问题，科技界一直以来也是争论不休。这至少说明一点，任何一方都没有压倒性的证据来支撑自己的观点。因此，换个角度来看，我们会发现今天的具身智能既没有被认定为潜力耗尽，也没有踏上一条明确的“失控之路”。

有一点是能够确定的，人类探索通用机器智能的脚步不会停歇。因此与其担忧，不如主动探索人机共生的未来之路，以发展来解决潜在的问题。如果说人类和地球上其他所有的生命都是经历了“物竞天择”的自然选择，那么在机器智能的进化历程中，人类有资格扮演一个拥有主动权的角色。

零点钟声敲响，地球进入崭新的一天，从第一秒开始，精彩属于人类和人类所创造的智能。

# 参考文献


1. 姚期智 . 人工智能 [M]. 北京：清华大学出版社，2022.
2. 乔治 · 吉尔德 . 通信革命：无限带宽如何改变我们的世界 [M]. 姚毅，译 . 上海：上海译文出版社，2003.
3. 安德鲁 · 霍奇斯 . 艾伦 · 图灵传：如谜的解谜者 [M]. 孙天齐，译 . 长沙：湖南科学技术出版社，2012.
4. 康斯坦丝 · 瑞德 . 希尔伯特：数学界的亚历山大 [M]. 袁向东，李文林，译 . 上海：上海科学技术出版社，2018.
5. 赫伯特 · A. 西蒙 . 科学迷宫里的顽童与大师：赫伯特 · 西蒙自传 [M]. 陈丽芳，译 . 北京：中译出版社，2018.
6. 阿米尔 · 侯赛因 . 终极智能：感知机器与人工智能的未来 [M]. 赛迪研究院专家组，译 . 北京：中信出版集团，2018.
7. 丹尼尔 · 卡尼曼 . 思考，快与慢 [M]. 胡晓姣，李爱民，何梦莹，译 . 北京：中信出版集团，2012.
8. 诺伯特 · 维纳 . 控制论：或动物与机器的控制和通信的科学 [M]. 王文浩，译 . 北京：商务印书馆，2020.
9. 伊恩 · 古德费洛，约书亚 · 本吉奥，亚伦 · 库维尔 . 深度学习 [M]. 赵申剑，黎彧君，符天凡，等译 . 北京：人民邮电出版社，2017.
10. 谭铁牛 . 人工智能：用 AI 技术打造智能化未来 [M]. 北京：中国科学技术出版社，2019.

11. 梅宏 . 数据治理之论 [M]. 北京：中国人民大学出版社，2020.
12. 管晓宏，赵千川，贾庆山，等 . 信息物理融合能源系统 [M]. 北京：科学出版社，2016.
13. 匡麟玲，晏坚，陆建华，等 . 6G 时代的按需服务卫星通信网络 [M]. 北京：人民邮电出版社，2022.
14. 冯登国，等 . 大数据安全与隐私保护 [M]. 北京：清华大学出版社，2018.
15. 吴一戎 . 智能传感器导论 [M]. 北京：中国科学技术出版社，2022.
16. 杨学军，吴朝晖，等 . 人工智能：重塑秩序的力量 [M]. 北京：科学出版社，2023.
17. 刘云浩 . 从互联到新工业革命 [M]. 北京：清华大学出版社，2017.
18. 高文，陈熙霖 . 计算机视觉：算法与系统原理 [M]. 北京：清华大学出版社，1999.
19. 李彦宏 . 智能革命：迎接人工智能时代的社会、经济与文化变革 [M]. 北京：中信出版集团，2017.
20. 孟伟 . 涉身与认知：探索人类心智的新路径 [M]. 北京：中国科学技术出版社，2020.
21. 周志华 . 机器学习 [M]. 北京：清华大学出版社，2016.
22. 莫宏伟，徐立芳 . 人工智能导论 [M]. 北京：人民邮电出版社，2020.
23. 刘云浩 . 物联网导论（第 4 版）[M]. 北京：科学出版社，2022.
24. 杨铮，吴陈沭，刘云浩 . 位置计算：无线网络定位与可定位性 [M]. 北京：清华大学出版社，2014.
25. 张钹 . 评《人机交互中的体态语言理解》[J]. 科学通报，2014，59（31）：3108.
26. 万里鹏，兰旭光，张翰博，等 . 深度强化学习理论及其应用综述 [J]. 模式识别与人工智能，2019，32（1）：67-81.

27. 汪淼，张方略，胡事民 . 数据驱动的图像智能分析和处理综述 [J]. 计算机辅助设计与图形学学报，2015，27（11）：2015–2024.
28. 叶涛，陈尔奎，杨国胜，等 . 全局环境未知时机器人导航和避障的一种新方法 [J]. 机器人，2003，25（6）：516–520.
29. 李德毅，刘常昱，杜鹢，等 . 不确定性人工智能 [J]. 软件学报，2004，15（11）：1583–1594.
30. 施昭，刘阳，曾鹏，等 . 面向物联网的传感数据属性语义化标注方法 [J]. 中国科学：信息科学，2015，45（6）：739–751.
31. 邬江兴 . 网络空间内生安全发展范式 [J]. 中国科学：信息科学，2022，52（2）：189–204.
32. 鄢贵海，卢文岩，李晓维，等 . 专用处理器比较分析 [J]. 中国科学：信息科学，2022，52（2）：358–375.
33. Jingao Xu, Danyang Li, Zheng Yang, Yishujie Zhao, Hao Cao, Yunhao Liu, Longfei Shangguan, “Taming Event Cameras with Bio-Inspired Architecture and Algorithm: A Case for Drone Obstacle Avoidance”, ACM MobiCom, Madrid, Spain, October 2 - 6, 2023.
34. Alan S. Cowen, Dacher Keltner, “Self-Report Captures 27 Distinct Categories of Emotion Bridged by Continuous Gradients”, *Proceedings of the National Academy of Sciences*, Vol. 114, No. 38, 2017, Pages E7900 - E7909.
35. Amit Singhal, “Introducing the Knowledge Graph: Things, not Strings”, Official google blog, 2012.
36. Jay W. Forrester, “Counterintuitive Behavior of Social Systems”, *Theory and Decision*, Vol. 2, No. 2, 1971, Pages 109 - 140.
37. David Ha, Jürgen Schmidhuber, “Recurrent World Models Facilitate Policy Evolution”, NeurIPS, Montréal, Canada, December 3 - 8, 2018.
38. Judea Pearl, “Theoretical Impediments to Machine Learning With

Seven Sparks from the Causal Revolution", ACM WSDM, Marina Del Rey, CA, USA, February 5 - 9, 2018.

39. Ahmed Hussein, Mohamed Medhat Gaber, Eyad Elyan, Chrisina Jayne, "Imitation Learning: A Survey of Learning Methods", *ACM Computing Surveys*, Vol. 50, No. 2, 2017, Pages 1 - 35.
40. Stefan Schaal, "Is Imitation Learning the Route to Humanoid Robots?", *Trends in cognitive sciences*, Vol. 3, No. 6, 1999, Pages 233 - 242.
41. Leslie Pack Kaelbling, Michael L. Littman, Andrew W. Moore, "Reinforcement Learning: A Survey", *Journal of Artificial Intelligence Research*, Vol. 4, 1996, Pages 237 - 285.
42. Richard S. Sutton, Andrew G. Barto, "Reinforcement Learning: An Introduction", *Robotica*, Vol. 17, No. 2, 1999, Pages 229 - 235.
43. Dean A. Pomerleau, "ALVINN: An Autonomous Land Vehicle in A Neural Network", NeurIPS, Denver, CO, USA, 1988.
44. Trevor Hastie, Robert Tibshirani, Jerome Friedman, "The Elements of Statistical Learning: Data Mining, Inference, and Prediction", Springer, 2009.
45. Stéphane Ross, Geoffrey Gordon, Drew Bagnell, "A Reduction of Imitation Learning and Structured Prediction to No-Regret Online Learning", PMLR AISTATS, Ft. Lauderdale, FL, USA, April 11 - 13, 2011.
46. Cheng Chi, Siyuan Feng, Yilun Du, Zhenjia Xu, Eric Cousineau, Benjamin Burchfiel, Shuran Song, "Diffusion Policy: Visuomotor Policy Learning via Action Diffusion", RSS, Daegu, Republic of Korea, July 10 - 14, 2023.
47. Tony Z. Zhao, Vikash Kumar, Sergey Levine, Chelsea Finn, "Learning Fine-Grained Bimanual Manipulation with Low-Cost Hardware", RSS, Daegu, Republic of Korea, July 10 - 14, 2023.

48. Zipeng Fu, Tony Z. Zhao, Chelsea Finn, "Mobile ALOHA: Learning Bimanual Mobile Manipulation using Low-Cost Whole-Body Teleoperation", PMLR CoRL, Munich, Germany, November 6 - 9, 2024.
49. ER Gibney, CM Nolan, "Epigenetics and Gene Expression", *Heredity*, Vol. 105, No.1, 2010, Pages 4 - 13.
50. Ilge Akkaya, et al., "Solving Rubik's Cube with A Robot Hand", arXiv:1910.07113, 2019.
51. Chen Wang, Danfei Xu, Yuke Zhu, Roberto Martín-Martín, Cewu Lu, Fei-Fei Li, Silvio Savarese, "DenseFusion: 6D Object Pose Estimation by Iterative Dense Fusion", IEEE/CVF CVPR, Long Beach, CA, USA, June 16 - 20, 2019.
52. Irmak Guzey, Yinlong Dai, Ben Evans, Soumith Chintala, Lerrel Pinto, "See to Touch: Learning Tactile Dexterity through Visual Incentives", IEEE ICRA, Yokohama, Japan, May 13 - 16, 2024.
53. Hao-Shu Fang, Chenxi Wang, Hongjie Fang, Minghao Gou, Jirong Liu, Hengxu Yan, Wenhai Liu, Yichen Xie, Cewu Lu, "AnyGrasp: Robust and Efficient Grasp Perception in Spatial and Temporal Domains", *IEEE Transactions on Robotics*, Vol. 39, No. 5, 2023, Pages 3929 - 3945.
54. Kuniyuki Takahashi, Jethro Tan, "Deep Visuo-Tactile Learning: Estimation of Tactile Properties from Images", IEEE ICRA, Montreal, Canada, May 20 - 24, 2019.
55. Lei Yang, Yekui Chen, Xiang-Yang Li, Chaowei Xiao, Mo Li, Yunhao Liu, "Tagoram: Real-Time Tracking of Mobile RFID Tags to High Precision using COTS Devices", ACM MobiCom, Maui, Hawaii, September 7 - 11, 2014.
56. Lei Yang, Yao Li, Qiongzheng Lin, Huanyu Jia, Xiang-Yang Li, Yunhao Liu, "Tagbeat: Sensing Mechanical Vibration Period with COTS

RFID Systems", *IEEE/ACM Transactions on Networking*, Vol. 25, No. 6, 2017, Pages 3823 - 3835.

57. Fadel Adib, Dina Katabi, "See Through Walls with WiFi!", ACM SIGCOMM, Hong Kong, China, August 12 - 16, 2013.
58. Lei Zhang, Wanqing Tu, "Six Degrees of Separation in Online Society", WebSci, Athens, Greece, March 18 - 20, 2009.
59. Alec Radford, et al., "Learning Transferable Visual Models from Natural Language Supervision", PMLR ICML, July 18 - 24, 2021.
60. Haoyu Zhen, Xiaowen Qiu, Peihao Chen, Jincheng Yang, Xin Yan, Yilun Du, Yining Hong, Chuang Gan, "3D-VLA: A 3D Vision-Language-Action Generative World Model", PMLR ICML, Vienna, Austria, July 21 - 27, 2024.
61. Jacky Liang, Wenlong Huang, Fei Xia, Peng Xu, Karol Hausman, Brian Ichter, Pete Florence, Andy Zeng, "Code as Policies: Language Model Programs for Embodied Control", IEEE ICRA, London, UK, May 29 - June 2, 2023.
62. Brian Ichter, "Do as I Can, Not as I Say: Grounding Language in Robotic Affordances", PMLR CoRL, Auckland, New Zeland, December 14 - 18, 2022.
63. Yanwei Wang, Tsun-Hsuan Wang, Jiayuan Mao, Michael Hagenow, Julie Shah, "Grounding Language Plans in Demonstrations Through Counterfactual Perturbations", ICLR, Vienna Austria, May 7 - 11, 2024.
64. Anthony Brohan, et al. "RT-1: Robotics Transformer for Real-World Control at Scale", RSS, Daegu, Republic of Korea, July 10 - 14, 2023.
65. Brianna Zitkovich, et al., "RT-2: Vision-Language-Action Models Transfer Web Knowledge to Robotic Control", PMLR CoRL, Atlanta, USA, November 6 - 9, 2023.
66. Suneel Belkhale, Tianli Ding, Ted Xiao, Pierre Sermanet, Quan Vuong,

Jonathan Tompson, Yevgen Chebotar, Debidatta Dwibedi, Dorsa Sadigh, “RT-H: Action Hierarchies Using Language”, RSS, Delft, Netherland, July 15 - 17, 2024.

67. Joon Sung Park, Joseph O’Brien, Carrie Jun Cai, Meredith Ringel Morris, Percy Liang, Michael S. Bernstein, “Generative Agents: Interactive Simulacra of Human Behavior”, ACM UIST, San Francisco, USA, October 29 - November 1, 2023.

68. Guanzhi Wang, Yuqi Xie, Yunfan Jiang, Ajay Mandlekar, Chaowei Xiao, Yuke Zhu, Linxi Fan, Anima Anandkumar, “Voyager: An Open-Ended Embodied Agent with Large Language Models”, arXiv:2305.16291, 2023.

69. Eric Kolve, et al., “AI2-THOR: An Interactive 3D Environment for Visual AI”, arXiv:1712.05474, 2017.

70. Matt Deitke, et al., “RoboTHOR: An Open Simulation-to-Real Embodied AI Platform”, IEEE/CVF CVPR, June 14 - 19, 2020.

71. Kiana Ehsani, Winson Han, Alvaro Herrasti, Eli VanderBilt, Luca Weihs, Eric Kolve, Aniruddha Kembhavi, Roozbeh Mottaghi, “ManipulaTHOR: A framework for Visual Object Manipulation”, IEEE/CVF CVPR, June 19 - 25, 2021.

72. Matt Deitke, et al., “ProcTHOR: Large-Scale Embodied AI Using Procedural Generation”, NeurIPS, New Orleans, USA, November 28 - December 9, 2022.

73. Manolis Savva, et al., “Habitat: A Platform for Embodied AI Research”, IEEE/CVF CVPR, Long Beach, USA, June 16 - 20, 2019.

74. Andrew Szot, et al., “Habitat 2.0: Training Home Assistants to Rearrange Their Habitat”, NeurIPS, December 6 - 14, 2021.

75. Xavier Puig, et al., “Habitat 3.0: A Co-Habitat for Humans, Avatars, and Robots”, ICLR, Vienna, Austria, May 7 - 11, 2024.

76. Fei Xia, William B. Shen, Chengshu Li, Priya Kasimbeg, Micael Edmond Tchapmi, Alexander Toshev, Roberto Martín-Martín, Silvio Savarese, "Interactive Gibson Benchmark: A Benchmark for Interactive Navigation in Cluttered Environments", *IEEE Robotics and Automation Letters*, Vol. 5, No. 2, 2020, Pages 713-720.
77. Bokui Shen, et al., "iGibson 1.0: A Simulation Environment for Interactive Tasks in Large Realistic Scenes", IEEE/RSJ IROS, Prague, Czech Republic, September 27 - October 1, 2021.
78. Chengshu Li, et al., "iGibson 2.0: Object-Centric Simulation for Robot Learning of Everyday Household Tasks", PMLR CoRL, London, UK, October 8 - 11, 2021.
79. Peter Anderson, et al., "On Evaluation of Embodied Navigation Agents", arXiv:1807.06757, 2018.
80. Dhruv Batra, Aaron Gokaslan, Aniruddha Kembhavi, Oleksandr Maksymets, Roozbeh Mottaghi, Manolis Savva, Alexander Toshev, Erik Wijmans, "ObjectNav Revisited: On Evaluation of Embodied Agents Navigating to Objects", arXiv:2006.13171, 2020.
81. Yuke Zhu, Roozbeh Mottaghi, Eric Kolve, Joseph J. Lim, Abhinav Gupta, Fei-Fei Li, Ali Farhadi, "Target-Driven Visual Navigation in Indoor Scenes Using Deep Reinforcement Learning", IEEE ICRA, Marina Bay Sands, Singapore, May 29 - June 3, 2017.
82. Peter Anderson, Qi Wu, Damien Teney, Jake Bruce, Mark Johnson, Niko Sünderhauf, Ian Reid, Stephen Gould, Anton van den Hengel, "Vision-and-Language Navigation: Interpreting Visually-Grounded Navigation Instructions in Real Environments", IEEE/CVF CVPR, Salt Lake City, USA, June 9 - 21, 2018.
83. Changan Chen, Carl Schissler, Sanchit Garg, Philip Kobernik,

Alexander Clegg, Paul Calamia, Dhruv Batra, Philip Robinson, Kristen Grauman, "SoundSpaces 2.0: A Simulation Platform for Visual-Acoustic Learning", NeurIPS, New Orleans, USA, November 28 - December 9, 2022.

84. Abhishek Das, Samyak Datta, Georgia Gkioxari, Stefan Lee, Devi Parikh, Dhruv Batra, "Embodied Question Answering", IEEE/CVF CVPR, Salt Lake City, USA, June 9 - 21, 2018.

85. Daniel Gordon, Aniruddha Kembhavi, Mohammad Rastegari, Joseph Redmon, Dieter Fox, Ali Farhadi, "IQA: Visual Question Answering in Interactive Environments", IEEE/CVF CVPR, Salt Lake City, USA, June 9 - 21, 2018.

86. Huda Alamri, et al., "Audio-Visual Scene-Aware Dialog", IEEE/CVF CVPR, Long Beach, USA, June 16 - 20, 2019.

87. Sergey Levine, Peter Pastor, Alex Krizhevsky, Julian Ibarz, Deirdre Quillen, "Learning Hand-Eye Coordination for Robotic Grasping with Deep Learning and Large-Scale Data Collection", *The International Journal of Robotics Research*, Vol. 37, No. 4 - 5, 2018, Pages 421-436.

88. Ales Vysocky, Petr Novak, "Human-Robot Collaboration in Industry", *MM Science Journal*, Vol. 9, No. 2, 2016, Pages 903 - 906.

89. Valeria Villani, Fabio Pini, Francesco Leali, Cristian Secchi, "Survey on Human–Robot Collaboration in Industrial Settings: Safety, Intuitive Interfaces and Applications", *Mechatronics*, Vol. 55, 2018, Pages 248 - 266.

90. Wenshuai Zhao, Jorge Peña Queralta, Tomi Westerlund, "Sim-to-Real Transfer in Deep Reinforcement Learning for Robotics: A Survey", IEEE SSCI, Canberra, Australia, December 1 - 4, 2020.

91. Josh Tobin, Rachel Fong, Alex Ray, Jonas Schneider, Wojciech Zaremba, Pieter Abbeel, "Domain Randomization for Transferring

Deep Neural Networks from Simulation to the Real World", IEEE/RSJ IROS, Vancouver, Canada, September 24 - 28, 2017.

92. Stephen James, Paul Wohlhart, Mrinal Kalakrishnan, Dmitry Kalashnikov, Alex Irpan, Julian Ibarz, Sergey Levine, Raia Hadsell, Konstantinos Bousmalis, "Sim-To-Real via Sim-To-Sim: Data-Efficient Robotic Grasping via Randomized-To-Canonical Adaptation Networks", IEEE/CVF CVPR, Long Beach, USA, June 16 - 20, 2019.

93. Fereshteh Sadeghi, Sergey Levine, "CAD2RL: Real Single-Image Flight Without a Single Real Image", RSS, Cambridge, USA, July 12 -16, 2017.

94. Konstantinos Bousmalis, et al., "Using Simulation and Domain Adaptation to Improve Efficiency of Deep Robotic Grasping", IEEE ICRA, Brisbane, Australia, May 21 - 25, 2018.

95. Ashish Vaswani, Noam Shazeer, Niki Parmar, Jakob Uszkoreit, Llion Jones, Aidan N. Gomez, Łukasz Kaiser, Illia Polosukhin, "Attention is All You Need", NeurIPS, Long Beach, USA, December 4 - 9, 2017.

96. Brett Warneke, Matt Last, Brian Liebowitz, Kristofer S.J. Pister, "Smart Dust: Communicating with a Cubic-Millimeter Computer", *Computer*, Vol. 34, No. 1, 2001, Pages 44 - 51.

97. Robert Szewczyk, Alan Mainwaring, Joseph Polastre, John Anderson, David Culler, "An Analysis of a Large Scale Habitat Monitoring Application", ACM SenSys, Baltimore, USA, November 3 - 5, 2004.

98. Mo Li, Yunhao Liu, "Underground Structure Monitoring with Wireless Sensor Networks", ACM/IEEE IPSN, Cambridge, USA, April 25 - 27, 2007.

99. Yunhao Liu, Yuan He, Mo Li, Jiliang Wang, Kebin Liu, Xiangyang Li, "Does Wireless Sensor Network Scale? A Measurement Study on GreenOrbs", *IEEE Transactions on Parallel and Distributed Systems*, Vol. 24, No. 10, 2013, Pages 1983-1993.

100. Yunhao Liu, Xufei Mao, Yuan He, Kebin Liu, Wei Gong, Jiliang Wang, "CitySee: Not Only a Wireless Sensor Network", *IEEE Network*, Vol. 27, No. 5, 2013, Pages 42 - 47.
101. Sutton, Richard S. "Learning to Predict by the Methods of Temporal Differences", *Machine Learning*, Vol. 3, No. 1, 1988, Pages 9 - 44.
102. Rummery, Gavin Adrian and Mahesan Niranjan, "On-line Q-learning Using Connectionist Systems", Vol. 37, Cambridge, UK: University of Cambridge, Department of Engineering, 1994.
103. Richard S. Sutton, "Generalization in Reinforcement Learning: Successful Examples Using Sparse Coarse Coding", NeurIPS, Denver, USA, November 27 - 30, 1995.
104. Christopher J. C. H. Watkins, Peter Dayan, "Q-learning", *Machine Learning*, Vol. 8, No. 3, 1992, Pages 279 - 292.
105. Vijay Konda, John Tsitsiklis, "Actor-Critic Algorithms", NeurIPS, Denver, USA, November 29 - December 4, 1999.
106. L.M. Ni, Yunhao Liu, Yiu Cho Lau, A.P. Patil, "LANDMARC: Indoor Location Sensing using Active RFID", IEEE PerCom, Fort Worth, USA, March 23 - 26, 2003.
107. Ishika Singh, Valts Blukis, Arsalan Mousavian, Ankit Goyal, Danfei Xu, Jonathan Tremblay, Dieter Fox, Jesse Thomason, Animesh Garg, "ProgPrompt: Generating Situated Robot Task Plans using Large Language Models", IEEE ICRA, London, UK, May 29 - June 2, 2023.
108. Santhosh Kumar Ramakrishnan, Devendra Singh Chaplot, Ziad Al-Halah, Jitendra Malik, Kristen Grauman, "PONI: Potential Functions for Object-Goal Navigation with Interaction-Free Learning", IEEE/CVF CVPR, New Orleans, USA, June 19 - 24, 2022.
109. Devendra Singh Chaplot, Dhiraj Gandhi, Abhinav Gupta, Ruslan

Salakhutdinov, "Object Goal Navigation using Goal-Oriented Semantic Exploration", NeurIPS, December 6 - 12, 2020.

110. Wenlong Huang, Chen Wang, Ruohan Zhang, Yunzhu Li, Jiajun Wu, Fei-Fei Li, "VoxPoser: Composable 3D Value Maps for Robotic Manipulation with Language Models", PMLR CoRL, Atlanta, USA, November 6 - 9, 2023.